经 典 建 筑 理 论 丛 书

Differences

Topographies of Contemporary Architecture

差异

——当代建筑的地志

[西] 伊格拉西·德索拉-莫拉莱斯 著 施植明 译
北京城市节奏科技发展有限公司 中文版策划

中国水利水电出版社·知识产权出版社
www.waterpub.com.cn / www.cnipr.com

选题编辑：阳　淼　张宝林　　E-mail：yangsanshui@vip.sina.com；z_baolin@263.net
责任编辑：阳　淼　张宝林
文字编辑：丁　丁

版权登记号：01-2005-6407

图书在版编目（CIP）数据

差异：当代建筑的地志／（西）德索拉-莫拉莱斯著；施植明译.—北京：中国水利水电出版社：知识产权出版社，2006
（经典建筑理论丛书）
书名原文：Difference：Topographies of Contemporary Architecture
ISBN 978-7-5084-3550-3

Ⅰ.差…　Ⅱ.①德…②施…Ⅲ.建筑理论　Ⅳ.TU-0

中国版本图书馆 CIP 数据核字（2006）第 009683 号

经典建筑理论丛书
差异——当代建筑的地志
[西] 伊格拉西·德索拉-莫拉莱斯　著　施植明　译
北京城市节奏科技发展有限公司　中文版策划

中国水利水电出版社
知 识 产 权 出 版 社　出版 发行（北京市西城区三里河路 6 号；电话：010-68331835 68357319
北京市海淀区马甸南村 1 号；电话、传真：010-82000893）
北京科水图书销售中心（零售）电话：(010)　88383994　63202643
全国各地新华书店和相关出版物销售网点经销
北京市兴怀印刷厂印刷

850mm×1168mm　32 开　6.5 印张　124 千字
2007 年 8 月第 1 版　2007 年 8 月第 1 次印刷

定价：25.00 元
ISBN 978-7-5084-3550-3

差异

——当代建筑的地志

献给拉里

中文版代译序：
评论的思维——在场与不在场的主客体互动关系

追求绝对的与唯一的真理所形成的一元论价值观长久以来主宰着西方的思维体系，现代科学的发展更将此一元论价值观导向排除主观介入并强调完全客观的理性主义。在建构客观知识的过程中，现代科学试图让真实世界臣服于简单的原则与普遍性法则，因此真实世界的复合性所呈现现的混沌被视为是表象，经过简单性典范的约简程序而得到的秩序反倒成为本质。

埃德蒙·胡塞尔（Edmund Husserl）所发展的现象学源自对西方现代科学的客观知识建构所产生的危机加以批判，由于排除主体的介入使得现代科学所遵循简单性典范只能产生完全与生活意义脱节的一些肤浅的科学事实；现象学试图在思考的主体与所思考的客体之间寻找一种绝对的基础关系。本质必须与活生生的经验产生关系，因此找寻世界的本质并不等于找寻世界的理念，必须找寻世界在还没被贴上标签之前的情况为何。世界不再是我所思考的，而是我所生活的；我向世界敞开并与世界产生互动。我对世界的理解即使是透过科学的途径，也是以自己的观点或对世界的经验而出发的，如果没有这种基础作为前提的话，任何的科学符号将不具有意义。因此现象学所希望找寻在确保客体能在时空中存在的客观性，亦即客体的本质结构，是透过超验自我的主体所建构而成的。

相较于现象学试图透过将所有的存有物（being）以主体所意识到的存有物加以描述的方式，使得经验中的所有客体都能成为主体建构的产物，借此得到经由主体介入的客观性；结构主义则以抽象的、普遍的、思辨的主体试图取代现象学强调具体的、特殊的、体验的主体。对结构主义而言，主体所要探究的客体，不论是正文、艺术品或历史，都只是形式的诠译，必须具有知性的主体才能洞察在已知的客体中所呈现的形式结构；因此主体性与客观性其实是同形结构的关系（isomorphism）。相较于现象学主张的本质主义，结构主义提出了对照（opposition）的方法；就结构主义的观点而言，直接探究客体的本质并没有什么意义，客体只有透过相互对照之下所呈现出来的差异，才能显现出客体的独特性。在结构主义所主张的这种相互对照的方法之中隐含着二元价值观，不过相互对照的客体往往却成为两极化的对立关系。因此结构主义的思维观系基本上仍旧是由二元对立的关系所形成的对比系统。

雅克·德里达（Jacques Derrida）倡导的“解构”所提出的“延异”（différance）观念，透过对确定性的迟疑而在时间上产生的延迟将会在空间上呈现出差异。一场没有结局的游戏便在时空的相互交错的互动过程中展开，形成了开放的多元价值观体系。对吉勒·德勒兹（Gilles Deleuze）而言，发现差异的存在并不代表对立与否定的立场，而是不确定或无法确定的价值观的呈现。事实上，将差异视为对立的人，立刻就受到被视为对立的一方所牵制，陷入了对方的樊笼之中，往往不由自主地表现出为反对而反对的愚蠢行为。德勒兹所谈论的“差异”与“重复”便隐含着思想的开放性与封闭性。

本书收录了目前任教于西班牙巴塞罗那建筑学院担任建筑史与建筑理论课程的教授伊格拉西·德·索拉·莫拉莱斯在1987～1993年间散见于各处所发表的文章，透过英文版的编者重新加以整理成为探讨当代建筑的评论论文集。从书名《差异》以及副标题《当代建筑的地志》，不难看出作者为什么会宣称本书深受现象学与德勒兹思想所影响。诚如德勒兹所言：“哲学最积极的作用在于批判：进行一种解密的工作。”本书对当代建筑所作的评论，主要在于针对作品所隐含的价值观进行检验，而非建筑形式上的探究；因此书中并未采取图文对照的方式，而是完全经由论述的方式试图从不同的观点切入，让大家发现看似相反的事物有时却是非常近似的。透过这种评论的方式，作者试图揭露“在一些历史情境下，建筑、艺术与文化具有本身的认同并且能够承担特定的任务”，亦即所谓的“危机”；因此“进行建筑的批评意味着置身于危机的内部并且运用高度的警觉与孤独寂寞。对危机的感知构成了评论的起点。意识到危机的存在意味着对危机加以诊断、表达某种判断，借此区分出在特定的情境下一起出现的各种原则。建筑评论并不是一种文学风格也非一种职业。建筑评论是一种知性的态度，让论述变成——在孤独寂寞并且意识到危机的存在下——判断、区分与决定。”

“当代建筑的地志便在于以建筑的表象作为基础去追求建筑的知识。地志是场所的表象足以揭露场所的知识，并非某种类型或类别而是场所本身。地志虽然是地理学的理念，不过地志同样也可以是建筑的观念。场所固然是实质的，不过场所同样也是精神的。这样的场所是特殊的、独一无二的，因此对场所的描述不应该使其个性荡然无存。地志虽然是特殊事物的表象，不过地志是用来清楚表达而非照实质描述的一种表象的方式：揭露出多重的地志而非只是以图书的拟象的方式去再现或复制一个地志。”

地志所代表的意义正是现象学所强调的主体性的议题，由于有主体的介入使得与主体切身相关的生活经验的文化议题能与对自然地理进行完全客观的描述融合在一起，透过主客体互动的关系而产生最终的结果。诚如作者所言：“评论唯一的任务在于量测与决定我们所发现的事物所处的情况。绘制空洞的领域所呈现出许许多多可能的地形之中的一张地志，凸显出建筑如何在空洞的领域中为大众与集体创造一个同时也能让个体性与私密性能融入其中的情境。”评论的思维便在于主体透过在场的客体探索心智的地志——亦即建筑作品所注入心灵的场所——利用历史参照以及交织在建筑作品中的思想、艺术与文化并使作品能在历史中定位的方式，让心灵的场所——亦即不在场的主体——得以清楚地呈现。

施植明 2000年6月

于台湾科技大学建筑系思维研究室

英文版编者序：现代的主体化

在德勒兹的思想中，正如同在现象学的传统一样，我们发现对真实性的阅读或描述是必须加以建造、设计的，好像是来自于主体的一种过程，像是必须被进行的、起草的工作……

——德索拉-莫拉莱斯

德索拉-莫拉莱斯可能是第一位承认受到两种似乎相互对立的思想所影响的人；同时受当代的法国理论，尤其是德勒兹晚年的作品，以及现象学的哲学传统,尤其是胡塞尔与海德格尔所影响，这种思想的信仰显然不太正统。不过由于结合这些哲学遗产使得莫拉莱斯不必参照特定的古典人文主义的主体或进行客体的整合便可以重新对主体加以定位。与因为主张民主化与平等的客观性而一直压制主体的现代主义所倡导的教义背道而驰，莫拉莱斯举出实例说明主体在现代主义之中也扮演着一种整合的角色，因而主张此处主体——被宣扬现代主义的客观性与后现代主义的虚无主义以不正当的手段加以谋害——应该要能够让它复活。

在现象学与德勒兹的双重影响下，激发莫拉莱斯试图建立现代主义在主体性方面的发展渊源，往后推究触及现象学，向前探究涉及后结构主义，最后以具有煽动性的表现方式呈现当代大量的流动地志（fluid topographies）。由于身兼建筑师与理论家的双重角色，莫拉莱斯的著作变成是一个计划：他的文章可以视为是一种评论的形式主义，写作的方式一方面质疑美学评论既有的形式，同时也批判美学造型。

内容简化的教科书经常主张在20世纪二三十年代，国际式、现代建筑国际会议（CIAM）、新客观主义（Neue Sachlichkeit）、构成主义、风格派（De Stifl）、福特主义与泰勒主义，使得现代主义几乎是客观性的同义词。这些基本的叙述所提出的功能的客观性与经济的实用主义，成功地瓦解了巴黎美术学院古典主义的人文美学，一直到60年代基本上都未受到任何的挑战，不过当第十小组（Team X）提出社会性目标时便取代了现代建筑国际会议主张的功能性目标。后现代主义重返古典主义美学，敲响了现代客观性的丧钟，同时也唤起了一种人文主义的方式回归主体的主张。

不过，主体对客观性的挑战，事实上是在现代主义中开始引起的。如果汉内斯·迈耶在1928年对建筑物所作的定义："世上所有的事物都是由'功能乘以经济'的这条公式所产生的。"[1]可以代表现代主义在战前达到发展高峰的话，那么在1930年左右密斯便已经对这种极端的客观主义所可能产生的危险提出了警告："不论我们盖的房子的高矮、所用的材料是铜材或玻璃，都与建筑物的价值无关……因为真正符合每个时代的意义，包括我们的时代，主要在于提供精神得以存在所不可或缺的先决条件。"[2]而且在1947年左右，齐斯勒明确表明以现代主义的方式重返主体的主张："我反对以卫生为名而产生的神秘主义，这是'功能建筑'的迷信，以全体人类的名义而不是基于人类受到伤害或受到谴责的一面作为基础所发展出来的一种'神奇的建筑'。"[3]虽然这种想要脱离功能的客观性的转变出现得非常突然，不过由于第二次世界大战代表恐怖战争机器的功能主义而产生的影响力是不难理解的事，这种转变朝向一种更解人意、很容易让人亲近的建筑，重视感官胜过形式操纵产生的经济冲击。

虽然战后形式主义的生产直接回应了当时的政治环境，同样也回应了战前强调主观性与种族的美学路线。如果我们将现代主义开始产生的时间不是设定在20世纪20年代，而是在康德出版《判断力批判》的1790年，那么具有煽动力的主体性的线索便开始浮现，即使是在看起来完全客观的现代运动中仍然暗中地发展。对于康德而言，经验与从周遭世界之中的客观而产生的知识有着密不可分的关系——无法以纯粹的客观、非经验的方式加以描述。这种主观的美学论可能造成过度沉溺于个人主义的危险，可以透过更高的道德秩序或法则予以避免。因此，康德式的主体一直在直觉与欲望的现象秩序以及道德要求的本质秩序之间移动。

康德对美学的评价所作的定义影响了后来美学领域的发展，美学领域早期的代表人物结合心理学与生理学试图将康德的理论转换成为一种认知的科学。罗伯特·菲舍尔在1870年仍是哲学的研究生时曾撰写美学思考的主观性元素的论文。在许多新学说中，菲舍尔在此论文中恰巧提出了移情(empathy)或情感投射的概念，预见了胡塞尔在《现象学的哲学》的主张。对于菲舍尔而言，一种美学客体吸引观赏者的情感，而且这种吸引会融入作品之中成为作品的造型："在视觉艺术中，所涉及的问题并不是内涵或形式的问题，而是意象以及现象性的力量。"[4]在19世纪末期20世纪初期发展的有关美学形式主义的研究，主要由希尔登布兰德、菲德勒、沃尔夫林、施马索等人所领导，接着由菲舍尔进一步研究主体与客体之间的关系，一开始着重视觉感知的议题，最后更将主客体的关系转变成为完全利用感官与经验的理解方式。

在世纪交替时所进行的主体与客体之间的关系的探讨，正好与 20 世纪三四十年代时期的政治与社会情势结合在一起，影响了现象学的发展。如果我们用一般而论的方式说美学形式主义者试图将感觉加以系统化的话，那么胡塞尔的现象学哲学都正好打算要将系统予以感觉化。虽然胡塞尔在世纪变迁之际开始展开现象学的计划，不过到了晚年时他的写作方向已产生转变，正如同法西斯的幽灵开始出现在他的祖国德国一样。让人联想起密斯在1930年主张建筑物中必须注入一种价值或精神性，胡塞尔最后完成的论述中，尤其是1936年的《欧洲科学的危机与超验的现象学》，认为让科学的理性主义从属于主观的感知所形成的比较不是那么严谨的领域及当务之急。胡塞尔主张发展一种“普同性的主观性的科学”，在此科学之中，个人的生活能够透过生活世界（Lebenswelt）的观念而达到平衡的发展，不再屈从于科学的理性世界。胡塞尔的生活世界的想法意味着一种普同的道德秩序感与主观的个人主义重叠在一起而不是加以排除，让人联想起康德式的主体在现象的与本质的领域之间悬疑不决。胡塞尔感受到当时的政治与社会的危机正以极权的秩序取代生活世界的秩序的方式对这种平衡关系造成威胁。由于关心如何恢复这种平衡关系，促使这位哲学家提出“我们能够以生活世界的通则去对待生活世界，以足够的关心，用每个人都有办法达到的方式让生活世界能够从此固定下来。”[5]

胡塞尔的言外之意认为危机能够被解决，并且认为会有造福全体的一种行动，这样的想法提出了社会的主体性的概念。虽然康德的道德理论承认社会的存在——他所提出的行动准则是个人的行为必须能够成为通用于全体的一种准则——胡塞尔对行动的主张则认为应该要有某种代理人以决定实际的社会生活，而不是在一种设定的秩序的影响之下产生行动。危机的局面灌输了一种紧急的感觉，认为现代主义的主体在决定新的社会秩序上有必要扮演一种积极的而非消极的角色是必要之事。对行动的这种主张同样也发生在建筑之中。在1943年所发表的简短的宣言“有关纪念性的九项要点”中，吉提翁、塞特以及莱热宣称建筑师对于如何清楚地表达战后的民主社会必须负起责任，认为政治人物只能延续着19世纪的路线去想象社会的发展；只有建筑师、规划师或艺术家才能够展望未来。[6]然而这三位移居海外的人物，除了提出与族群融合的以及与社会化的大众有关的一些抽象的幻想之外，并没有将他们对民主社会的理念说明清楚。这些好的意图强调出他们——以及其他人——努力面对战后的社会危机，然而却没有产生一种新的主体或是一种新的社会；最后他们所提出来的抽象的幻想只能强化一种规范性的、保守的社会因袭态度，这种态度从20世纪60年代出现的激进的批判之后便一直饱受攻击。

这种挫败让莫拉莱斯面临两难的局面，由于不像目前的许多评论家一样，他并不愿意完全抛弃这种战后期望能为世界重建某道德秩序而建立的基础。然而，他也体认到尽管乌托邦主义与极少主义强调他们所做的努力，不过他们缺乏多样性与个性是无法让人容忍的。他偏好人文主义，不过是受20世纪60年代的批判所认可的一种不墨守成规的人文主义。

德勒兹是影响莫拉莱斯的第二股力量，提供了足以突破理论僵局的一些理论性的方法。德勒兹与他的伙伴瓜塔里为当代的主体提供了一种弹性的模型，支持大胆的与自私的个体性，但并未完全摒弃种族的与社会的生活的想法。诚如富科在为他们的著作《反伊底帕斯：资本主义与精神分裂症》所写的序里提道的："反伊底帕斯可说是对非法西斯主义的生活的一种介绍。"福科利用德勒兹式的命句进一步阐述："不要以为政治能够将哲学所定义的个人"权力"交还给个人。个人是权力的产物。所必须要做的是利用增生与置换以及各种组合方式以达到"去除独特性"。群体必须不是结合层级分明的个体所形成的一种有机的结合体，而是不断发动去除独特性的启动机。"[7]德勒兹与瓜塔里清楚地说明了一种模型，能够容许某种程度的独立的主体性，但是在世界的脉络之中仍然会以可预期的以及自发性的方式对主体产生作用：能够容许主体与客体在彼此之间不断改变的互动关系的一种模型。

利用德勒兹这种胡思乱想的社会多重性的模型，莫拉莱斯试图翻新非常受现象学影响的20世纪四五十年代的背景。针对各种不同的主题，例如密斯与艺术极少主义之间的比较，建筑评论应有的素养，以及能够建构建筑与工程之间的复合性关系的修辞学，莫拉莱斯一而再再而三地探讨有关独特性、空间与场所等关键性议题。如同霍克海默尔与阿多诺一样，莫拉莱斯相信“所要完成的任务并不是对过去的保存而是对过去的希望加以补救”[8]在当代的悲观主义的面前进行对乐观主义的补救工作。在针对过去与现在的实践加以分析时，莫拉莱斯成功地建立了一种与实践能产生合作关系的批判方式，并未落入两种陷井之中：怀旧乡愁（批判的串通）或虚无主义（激进的批判）。他在文章中，试图界定建筑的、艺术的、社会的、文化的、历史的、种族的以及政治的力量交汇之下能够产生强烈作用的时机，在刻意要对读者挑衅的手法上，并不是利用形式主义搞怪的方法让观赏者在仔细看所熟悉的东西变成是陌生的与不稳定的东西——而是利用另一种会令人大吃一惊的方法，让读者理解由产生强烈作用的各种时机之间的交叉点所形成的稳定性的瞬间所具有的无限的潜力。这种瞬间可以用德勒兹与瓜塔里在另一本书《何谓哲学？》中所营造出来的一种意象加以说明：

在充满强烈的诗意的文章中，“古典文学博士”劳伦斯描述诗从何而来：人们经常是打开一把伞遮雨，从伞底下去看天空的人便写出了惯例与见解。然而诗人、艺术家会在伞上割开一条细缝，他们会把天空戳破，让一点自由的与风吹的混乱跑进来并且在刹那间框住从缝隙中出现的景象——华兹华斯的春天或塞尚的苹果、麦克白或亚哈的身影……艺术确实是在与混沌奋斗，不过艺术会如此并不是想要产生一种只能够呈现混沌景象的一瞬间、一种感觉……艺术并不是混沌而是混沌的构成，使混沌屈服于视觉或感觉，因此艺术形成了，如乔伊斯所说的，“一种构成的混沌”（a chaosmos）——无法预先看见的也无法预先构想的。[9]

在莫拉莱斯的文章中，也许比较温和而不是那么激烈，也一样把天空戳破。这种破洞或他所谓的事件，来自于种种路线相互交叉产生强烈作用的德勒兹式的时机：过去、现在与未来在同一个时机交汇在一起而能完全呈现出来，同时呈现出其中的偶然性与所产生的作用。莫拉莱斯希望强调出建筑产生强烈作用的这种瞬息万变的时机以表达一种乐观主义以对抗自从经济萧条与政治保守主义抬头使得后现代的实证主义泡影破灭之后笼罩在建筑文化的这里，犬儒主义与虚无主义的气氛。他的著作提供了在即将结束的千年世代时刻一种乐观的而非乌托邦的想法。

萨拉·怀庭(Sarah Whiting)

注释

1. Hannes Meyer, “Building,” in Programs and Manifestoes on 20th-Century Architecture,ed.Ulrich Conrads (Cambridge:MIT Press,1984),117.

2. Ludwig Mies van der Rohe, “The New Era,” in ibid.,123.

3. Frederick Kiesler, “Magical Architecutre,” in ibid.,151.

4.Robert Vischer, as cited in the introduction to Harry Francis Mllgrave and Eleftherios Ikonomou,Empathy, Form, and Space: Problems in German Aestbetics 1873-1893(Santa Monica: Getty Center for the History of Art and the Humanities,1994),27.

5. Edmund Husserl, The Crisis of European Sciences and Transcendental Phenomenology (Evanston:Northwestern University Press, 1970),139.

6. Sigfried Giedion,Jose Luis Sert,and Fernand Leger, “Nine Pointson Monumenta- lity,” in Architecture Culture 1943-1968,ed. Joan Ockman and Edward Eigen(New York:Columbia Books of Architecture and Rizzoli,1993), 29-30.

7. Michel Foucault,preface to Gilles Deleuze and Felix Guattari, Anti-Oedipus:Capitalism and Schizophrenia(Minneapolis:University of Minnesota Press,1983), xiii-iv.

8. Max Horkheimer and Theodor Adorno,Dialectic of Enlightenment,

trans.John Cumming(New York:Continuum,1991),xv.

9. Gilles Deleuze and Felix Guattari,What Is Philosophy?, trans. Hugh Tomlinson and Graham burchell(New York:Columbia University Press,1994),203-204.

差 异

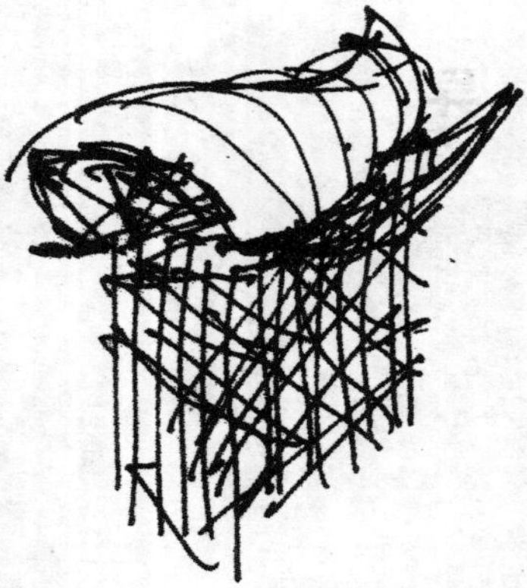

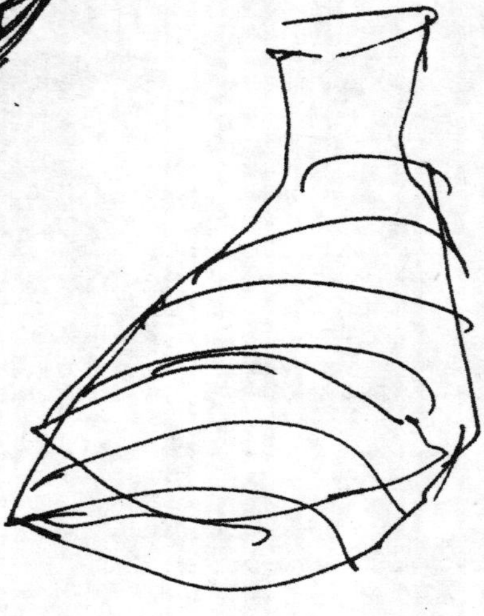

导论

本书希望不只是我在过去几年所发表的文章的合集。当然，本书的确是汇集了原先企图回应特殊的情况并能引发更广泛讨论的一些文章而成的。从每个章节的标题便能说明当时发表的文章出自不同的出发点；在书末的注解更可找到原先的发表处或是所要引发的讨论议题。不过不断出现的一些纠结在一起的思绪则贯穿所有的文章，许多理念也在不同的文章中有所调整。虽然这些理念在我看来似乎没有办法建构有系统的论述，不过一旦汇集成册之后，这些理念便开始透过整本书建构本身的对话。探讨议题反复出现的现象，我想读者会在阅读本书的过程中发现，正是说服我将过去八年多来所写的文章集结成册的因素，借此反映思考当代建筑方式。我发现自己不但没有办法同时更不愿意去写一篇论文或摘要。就某种意义，本书应该被视为是弹性的宣言，因为本书是以现代的宣言传统作为基础试图引起争论，不过本书并不想像现代主义者一样完全服膺一种宣言。

在接下来的章节中经常出现的一个术语是**危机**。我运用此术语的用意在于说明在一些历史情境下，建筑、艺术与文化具有本身的认同并且承担特定的任务。综观本书的思考是建立在本世纪的建筑发展可以由一连串关键性的插曲明显地加以呈现的这种假说之上，其中的一些插曲正好与经济、政治以及社会的危机类似。每一次的危机都标帜出在看起来好像是延续的现代主义传统中的一种改变的时机，而且如同核子分裂的过程一样，每次的危机不仅只是造成原先物质状态的消失，更重要的是所释放出的新能量会产生新的方向直到另一个无法预期的时机的到来。正如奥尔特加·加赛特在《危机的计划》(Espuema de las Crisis)中所言，每一次的危机的性质都是极度的具有意识、高度的警觉，同时也是充满孤独寂寞。本世纪建筑的危机与艺术、文化甚至集体意识的危机具有平等发展的关系。

危机与**批评**（Critipue）都出自相同的希腊文词根以及后来的拉丁文词根：kpíócs，Crisis。在医学上，该词代表病人会康复或死亡的关键时机；在法律上，则代表经过审理之后法官要在合法与非法之间做出决定的时刻。**评断**（judgement）与决定（decision）与危机同时也与**评论**（criticism）同样是分不开的。两者的意义隐含着第三个希腊文词根**区分**(separation)。危机是区分病情恶化与复原的时刻，往好的方面或坏的方面发展。在法官宣判时，危机代表着区分审问与判刑的时刻。

进行建筑的批评意味着置身于危机的内部并且运用高度的

警觉与孤独寂寞。对危机的感知构成了评论的起点。意识到危机的存在意味着对危机加以诊断、表达某种判断，借此区分出在特定的历史情势下一起出现的各种原则。建筑评论并不是一种文学风格亦非一种职业。建筑评论是一种知性的态度让论述变成——在孤独寂寞并且意识到危机的存在下——判断、区分与决定。

如果我们相信建筑是与风格、类型以及在结构上足以维持某种分类的物种息息相关的话，那么要描述当前建筑所发生变化不断的景象似乎会变成是一种分类的工作。这样的假设正是某种评论方式所强调的重点，设定的一些族群、趋势、潮流或甚至样式的存在因而能够经由形态学的秩序去理解特定的真实性。灰或白，现代的或古典的，有机论的或机械论的，天启的或整合的……等等，这些概念性配对取代了来自于受所谓的自然史所影响而在艺术史与建筑史中所发展出来的样式的分类系统。

然而，如果我们承认某种现象之所以具有意义的核心所在，以其根本上的独特性而言，并不太能够归属于某种特殊的风格或类型的话，那么问题将变成是什么工具能让我们可以看出那种独特性呢？近年来历史评论一直在找寻如何能以特殊的方式分析特殊的事物这个令人棘手的问题。从哲学的观点视之，这正是现象学所提出来的问题：以科学作为基础而由事物本身所获得的知识并非出自抽象的原则而是在表象(representation)之中。并不想将某种框架或范畴系统强加诸于某种事物之上，现象学企图从物自身之中找寻一个框架。

当代建筑的地志（topography）便在于以建筑的表象作为基础去追求建筑的知识。地志是场所的表象得以揭露场所的知识并非某种类型或类别而是场所本身。地志虽然是地理学的观念，不过地志同样也可以是建筑的观念。场所固然是实质的，不过场所同样也是精神的。这样的场所是特殊的、独一无二的，因此对场所的描述不应该使其个性荡然无存。地志虽然是特殊事物的表象，不过地志是用来清楚表达而非照实描述的一种表象的方式：揭露出多重的地志而非只是以图画的拟象的方式去再现或复制一个地志。

本书之所以没有利用图像或是一些当代建筑师在寻找设计的意图时所绘的概念草图作为图例说明，因为本书的书名地志的表象所关注的是心智的基地，亦即建筑作品所注入心灵的场所。本书各章节所要传达的目标是利用历史参照以及交织在建筑作品中的思想、艺术与文化并使作品能在历史中定位的方式让心灵的场所得以清楚地呈现。

这项任务所需要的工作是建构这些场所、加以解构、揭露其外观的源起与意图，主要的目的只是想绘制地志图：等高线、曲线、高程、方位角以及方位，以提供进行同时是分析性与意向性的描述时所需要的资料。

主张地志的想法便表示拒绝拓扑学，代表对当代建筑的理解并不是以**语言为中心的思想**（logos），探究普同性理念的问题：而是涉及**图像的**（graphē）文字的、约定俗成的与逻辑的策略，运用这些策略使得特殊客体的知识、建筑的知识以及面对当前时机的建筑师所具有的知识能够变得更为真实。

每个个体、主体或艺术作品具有的每一的条件如果能加以界定的话，便在于他们本身所存在的**差异性**（differences）。由相同事物所获得的知识只能得到全真式的逻辑（tautology）。只有以差异性作为基础时才有可能将特定的情境或客体归诸于独特的特征。承认差异的存在才有办法肯定多元的想法。多元文化是文化彼此之间的轮廓、清楚的外形以及特有的面貌有所差异。以差异的问题对当代建筑目前的情势进行描述意味着多元性不仅只是起点而已，同时也是可以让当代建筑的真实性中的任何一部分在其中定位的多重性（multiplicity）。

由于反对受结构主义思维所影响而产生的建筑自主性的论述，构成本书的各章节试图打破任何严密的划分。所有的空间都脱离不了关系。任何的界域都会有门窗可以与其他的界域与空间产生沟通。完全想以建筑本身去说明建筑是一种无法自圆其说的理由，一种不想承认更广泛关系的明确事实的逃避心态。

本书准备利用一些与建筑相关的哲学、视觉艺术、文学与电影所构成的地图去描绘每一个特殊的情境。这并不表示真实性是层化的状况，而且每一层的建筑构筑事件都在哲学或艺术中可以找到与之相符的或类比的标准。我深信，这种普遍的同质性是不存在的。我一直试图强调的是当我们可以更清楚看出差异时便能更接近与所要比较的客体相关的立场，不过相关的变数与形式是在看起来好像是不相干的立场与情势之间建立起来的。我们必须利用同质异像（polymorphism）去探讨建筑、艺术与文化的成果，如此将能呈现出一幅图像世界，其中任何临时的修辞将使我们能够打开外表看起来好像是具有自主性的客体所构成的封闭的盒子。

批评工作是具有创造力的，如果批评工作不仅能让一直没有被人注意的事，同时也能让因为欠缺差异的机制而无法让人理解的事产生联系、类比、通路或关系。意识与判断的可能性的产生来自于场所或客体的内部超过外在的，内在与外在关系之间的明显对比将可产生新的互动网路，透过这些网路将可传送全部是老生常谈或陈词滥调的讯息；也就是一些确立的场所。

在撰写这篇导论时，德勒兹最近的死讯仍让我内心无法平息。本书里的文章如果很强烈地表达出企图摆脱僵化的结构主义思想的话，很显然得归功于德勒兹在知性方面对我产生的刺激。如果在以下的章节中企图建构一种临时的诠释架构的话，正如同在建筑物中可以有一连串的平台让人从多重的角度与观点去掌握真实性一样，这也同样是向《差异与重复》（Différence et Répétition）这本书的作者学习而得到的另一种态度。本书在不同的文章中不断地制造、提出、操纵的一些概念与意象是作为深入探究当代变化万千的景象的复合性时可以运用的工具。

这些同样拜赐于这位法国哲学家。尽管我深受德勒兹的思想所影响，不过我想与近年来将他的思想工具化的那些人划清界线。一些流行的风潮，首先在欧洲接着在美国，利用他的思想中光彩耀人的意象，直接将此意象当作是可以直接从当代建筑中看出来的造型或是用来美化因袭的（如果不是粗俗的）思考方式的语言隐喻。

与德勒兹一样对本书产生影响的还有另一股哲学思潮：在书中收集的文章中经常提及从20世纪50年代便支配欧洲思想的现象学。与现代建筑大师主张的机械心理论背道而驰，同样也与60年代的结构主义相互对立，本书试图重新恢复现象学对于探讨事物自身所做的努力，以及现象学并不主张客观性而以意图性的描述作基础所发展出来的研究方法。反对建构系统的人主张的教条主义，同时也反对相信破坏真实性的所有结构是唯一途径的人主张的虚无主义，现象学首先让一切以现象本身的方式呈现，然后再以诠释学的方式呈现针对论述进行分析同时也加以诠释：一种独特的知性过程中的两种功能。

我深知自己宣称同时服膺德勒兹与现象学传统，就哲学派别的立场而言，触犯了强调一致性教规的滔天大罪。我知道胡塞尔及其追随者所主张的理想主义与德勒兹在仔细阅读新闻记者休谟与贝格松的著作所发现的唯物经验论之间存在着很大的距离。

虽然如此，有可能将这两种感性结合在一起的方法是一系列的特写，如同20世纪50年代的现象学家以及建筑师范艾克与埃内斯托·罗杰斯所强调的，经由这些特写将能产生某种多元论、强调描述性胜于规范性思想并且体认我们需要多思考的是，具有原创性的建构而不是教条式的重复。两个阵营都迷漫在一股强烈的实证主义的心态之中——专注于我们理解的形式的与特别逼真的向度——此种心态提供了将后结构主义所看到的流动、能量与变位以及对意图性展开存有论的探究：意识如何产生意义的运作，两者之间相互连接的管道。

建筑作为一种实用性知识可以并且应该在这种关系所建立的架构中让人理解，在我看来，这样的想法并不是对模糊的问题采取声东击西的策略。不过，很明显的是，建筑的实践经常是在直觉的、含糊的方式，而且甚至可能由与本书所强调的思考在性质上完全不相同的推理方式所导引。从开始到结束，建筑就像是一篇需要加以判读的、阐明的文章；超越其生产的过程，朝向完全逃脱其具体源头的一个消点。

这并不是一本**执行**建筑的书，也不是想将麦子从谷壳中挑出来的书(直率的评论似乎应该如此)。对德勒兹而言，艺术——建筑这门艺术德勒兹从未明确地论及——是一股具有破坏性的能量；换言之，一股动力足以打破规则的唯我论或是地志描述的界线因而能够逃脱任何被限定的范围。当代建筑地志的计划或任何的地志都是一件不可能完成的任务。评论的工作是希腊神话中西西弗斯所承担的苦力。任何企图抓住艺术作品中的美学潜力所做的努力将无法获得成果。真实性总是比思想更具有说服力。此种耐人寻味的矛盾正是触发本书的源头所在。

巴塞罗那，1995 年 11 月

第一章 当代建筑的地志

建筑评论的角色在20世纪产生了重大的转变。评论的活动与建筑的生产以及形成此生产的文化评价之间的关系具有特殊的地位，不过评论本身却是没有被清楚加以界定。和我们所期待正好相反的是:如果我们分析建筑评论从前卫时期到目前为止的情况时,会发现在建筑的生产与消费之间不断变化的情势与关系,评论家在面对这些变化时的反应是利用各种方式加以定位。

现代运动在开始时建筑师与评论家站在同一阵线。评论家铸造了一整套的新概念以便能使新建筑获得名正言顺的正当性。从贝内到吉提翁或赛维，评论家都致力于宣扬前卫派建筑师企图实践的具有未来性的计划。评论家既没有反对此计划也没有与此计划保持距离，站在一旁观看。相反地，他们的论述企图传达新建筑中所具有的新的价值;论述的目标在于推广新建筑的评断标准，借此建立能够与该计划携手并进的学说。这些评论家所承担的任务是去说服还没有充分准备好的文化去接受新发掘所带来的新奇、美好与独特性。

他们的著作经常宣称著作本身是一种历史论述，打算去说明从古典传统发展到吉提翁所谓的“新传统”的过程，好像是一种迫切性的需求。实践与理论之间没有区分：开业建筑师与评论家正好秉持相同的目标；彼此之间相互刺激；透过追求一种历史的、文化的与技术的正当性彼此之间相互肯定，让新建筑能对社会与文化作出更有价值的贡献。

第二次世界大战之后，这种情势开始产生了重大的转变，由于受到个人主义、存在主义打破中心的思想所影响，导致开业建筑师与评论家之间失去了互信。彼此之间相形渐远最后造成彼此之间相互漠视与疏离的气氛。

在当时接着这场令人困惑的剧情之后的是一种新的评论概念，所谓的激进的评论。如果建筑业界已经走上了自给自足、内部反省与传统的道路，激进的评论则是让评论本身扮演对这种意识形态的建筑物展开全球性责难的角色。在20世纪六七十年代，我们可以感受到所有的建筑活动不断遭受一连串的指责：建筑是一再重现的骗局所构成的一种论述；功能性、公共服务、诚实、合理性以及构造逻辑都是骗人的；建筑师所说的话都是要让人上当的话；他们承诺无法做到的事，提出无法达到的乌托邦以及不可能的生活模式；建筑变成是社会中制造神话的仆人；资本主义具有一股内在的需求企图以诡计、欺骗与操纵的方式去掩盖真实性，这些方式隐藏了提供大众与个人生活空间的建造过程中确实违背常理的真面目；评论家必须头脑清楚、跳脱现实、摒除这些论述中的空洞言词。建筑意识形态的批评使得评论本身必须成为指控、揭发与负面评价。由于远离建筑实务，评论家既责难又鄙视建筑实务；不仅如此甚至反对建筑。评论者并不是一位公正的法官，可以不带任何的偏见。他或她是别人的喉舌，与建筑作对的声音。不再提倡某种特殊的看法，他或她由于对建筑所主张的任何事的全盘不信任而否定所有的看法。

目前的情势似乎丧失了严谨性以及对激进主义的肯定，不过也没有与实务界建立任何新的协议或合作。这正是没有任何价值系统或政治原则被接受作为评价建筑的基础的一种知性情势所造成的结果。同时，当建筑要去合理化建筑的提案时，建筑本身变得犹豫、疑惑、做不出太多的成果。许许多多的意向的声明伴随着欠缺有充分理由的推理。目前的建筑作品以及作品的作者们表达出许多的愿望与意图，不过计划案则非常有限。当代的言论无法以群体组织的力量或是清楚区分建筑的表演者与评论者的明确的逻辑去面对所要评论的对象。我们所必须面对的不仅只是理论的本体而是各种情况，事实上，计划案试图在每个事件的特殊条件中找寻本身的一致性。一种扩散的异质性弥漫着建筑客体的世界。每项方案都是由局部与片段的论述结合起来而产生的。我们所面对的一件建筑作品似乎愈来愈不像是来自于不同地方的力量与能量的互动所形成的一个交汇点，瞬间的引爆说明了一种具体的与特殊的建筑情境、行动与生产。

在后结构主义与政治虚无主义的当前的知识论条件之下，评论只可能是一种临时的系统。面对平台的多重性，目前的评论可以着手绘制地图或加以描述，如同地志图表一样以揭露出一个地区的复合性-地区的形式是由于一些地理的原动力默默地在一块好像固定不动的地表体块上动作而产生的结果，体块被水流冲刷产生变化，其间的互动不断地改变体块的形式。

建筑的解释并不是像树枝的生长一样，如同树枝出自相同的树干并且透过树根从特殊的土壤中获得养分。建筑并不是一棵树而是一个事件，由能够将只是部分有意义的与意外发生的客体加以定位的一些力量交汇之下所产生的结果。因此评论并不在于辨识或显示这些树枝，而是评论本身是一种建构，借此能看清情况，正如同利用绘制地志的方法可以生产出某种建筑。

本书的目的就只是进行这样的一种批判的建构：利用各种

来源作为工具勾划出当代情势的一个轮廓。基于深信没有固定的原则可以去探讨无论是现在或过去的建筑作品，本书企图在当前的情势与第二次世界大战之后的西方建筑的情势之间找到类比的关系。这种假设当然并不是说目前的处境与过去相同或是历史重演。历史条件绝不会重复出现，不过类比可以提供一种非常可行的方法去凸显行为与意义的结构关系，使得行为与意义彼此之间的关系可以让人理解，更确切地说，是基于两者的相似性与差异性而产生的结果。

在企图说明某种关系性与转变时，我希望同时能建立这些个别情势的典范以及能够有效地揭露20世纪两个关键时机的原则。例如，在第三章探讨实存建筑的观念，在建筑中利用一个术语便能描述50年代在欧洲以及美国的复杂的文化特征。这种观念的运用可以掌握当时建筑中共同的特征，以这种方式，相同的渴望与问题、世界观以及主体的观念也许可以描述这些年代的哲学与文字，同样也可以勾划出当时的建筑地志。

目前我们并不处于相同的情境，不过重返主体、心理学、全部的感知、空虚的经验、功能与场所无法避免地呈现、运动，以及缺乏任何限制的状况下，好像在当前的脉络中已经建立起新的陈述系统。面对企求静谧的意志以及企图摆脱任何清晰说明的意图，目前的评论像过去的评论一样，反对建构一套论述或制定一套机制用以捕捉构成在当代的设计案中一而再再而三出现的基本性质：设计案的特征、轮廓、心态

以及价值观 。

我打算要比较的两个时期，代表其中的一个时期的建筑物包括密斯所设计的范斯沃斯住宅（1945~1950年）；路易斯·康在纽黑文（New Haven）所设计的耶鲁美术画廊（1951~1953年）；阿尔托在Imatra所设计的教堂（1956~1959年）；科德尔奇在Caldetes所设计的Ugalde住宅（1950~1951年）；以及加德利亚在Alessandria所设计的Borsalino公寓（1950~1952年）。这些例子都是在20世纪50年代建造的建筑物，由本身能力都毋庸置疑的建筑师所设计。每个案子本身都反映出回应某些特殊的条件而获得的结果，彼此之间并没有什么普遍性或应用共同的、单一的知识体系、理论或语言的词库。

相较于20世纪50年代的五栋建筑物，我从80年代选出了另外五栋建筑物包括：安藤忠雄在京都所设计的商业大楼（1983~1990年）；赫尔佐戈–德梅隆在巴塞尔所设计的Ricola仓储（1986~1987年）；盖里在圣塔莫尼卡设计的Schnabel住宅（1988~1990年）；纳瓦罗·巴尔德威格在萨拉曼卡（Salamanca）设计的集会堂（1989~1992年）；以及西扎在Oporto所设计的建筑学院（1988~1992年）。

50年代的五个作品所共同关心的问题：不仅仅是造型如何符合明确的设计需求，同时也要使功能的设计需求能够支持建筑物的造型。把功能主义视为一种学说并无法理清这种共同的心态。德楚可在50年代晚期出版的一本著名的书《功能主义理论的源头》，明确地指出建筑中的功能主义与建筑本身一样久远。虽然德楚可似乎想去除50年代被冠上功能主义立场的特征，不过，作为一位理论家他所真正关心的是一种趋势的在历史上的正当性。他认为，合乎功能的并不等同于有用的、实际的或有效率的。他主张一栋建筑物合乎功能的品质必须是明显可见的、可以沟通的以及容易辨认的。建筑的附加价值必须来自于新奇的或多重的用途，因此建筑必须以建筑物的功能所反映的设计需求的秩序作为基础以使建筑本身在视觉上呈现出秩序。范斯沃斯住宅的技术核与透明的空间，康的服务性空间与被服务性空间，Imatra教堂空间的结构，Ugalde住宅在形态上的破裂关系，Borsalino公寓稍微表现出运动的姿势，都清楚地并且可以让人感受到不同的空间满足不同的用途。这些作品都反映出建筑来自于抽象化的表达，在每个特殊的设计需求中找寻让造型得以名正言顺的理由。分区的、有机的以及建构的，这些建筑物的功能资源清楚地表达出建筑的造型与表现。

根据德楚可将功能主义描述成天真的学说与暴露的机械论的主张，目前建筑的信息似乎是以更间接的方式进行自我的沟通。基于表现出特色的想法以及利用意象作为媒介——尤其是出版雕刻与视觉艺术的想法——目前的建筑造型运用心理学家杨格的原型(archetytpe)：住宅的基本轮廓反映自然的观念；表皮包括任何的纪念性的、公共的、重要的空间；基本的几何形式如同是与生俱来的与本质的形式；以及材料成为回归源头的方法。所有的这些特征都在造型艺术的极限主义中可以感受得到，似乎成为支持盖里、西扎、安藤忠雄、赫尔佐戈-德梅隆以及巴尔德威格的力量。他们所追求的目标已经不再是让建筑物的实用性明显地呈现出来，造型的正当性是建立在表达心理深层结构的诉求上，利用原型的意象呈现建筑的特色，这种方式与先前运用逻辑的或叙述的方式可以达到同样强烈的效果。

现在我们所涉及的是从表面转换到深层的问题，不过，两种情境都企图维持的是针对每个设计案运用独特的与个别的符码以追求适当的意义。他们所关心的并不是如何利用样式符码使得建筑物能够为人所理解，如同运用共通的语言去表达特殊的情况一样；而是在每个个案与作品中找寻其固有的特质。

现代建筑以不确定性开始探讨如何界定客体造型的问题，此种不确定性在20世纪50年代所出现的危机中又与强调将客体融入地景之中的泛神论的回应碰在一起。佩夫斯纳在许多宣传学说的文章中鼓吹肖画传统，企图利用对肖画传统的兴趣的恢复能够解决在现代经验中感受到客体的不一致性的问题，例如透过整合、连续性、内外的联系关系以及调适的方式尽可能消除建筑的与自然的环境之间的判别。因此，非物质化、片段化与伪装，这些流行的口号便成为新建筑经常出现的策略。对于我们所选出的50年代的五个作品以及其他许多的作品而言，这些策略所关注的不仅是具有正面意义的价值观，同时也是一种必要的自我消失，建筑本身的表现形式必须顾及的地景关系，建筑在这种连续的关系中，只是多重性中的一个元素而已。

目前的地景几乎无法构成一个背景可以让建筑客体嵌入、融入或散布其中。德勒兹所谓打破领域(deterriorialization)的一些非常有效的过程使得建筑客体处于非场所与非地景之中。或许有人会认为目前我们正处于与20世纪50年代肖画式整合正好相反的一端，不过整合与疏远可以视为是同一个问题的两个面。50年代想与地景结合的泛神论与目前孤立麻木的客体都可以说明建筑客体无法在客体本身与其周遭环境之间建立起一种稳定的与层级分明的关系。与先前的想法似乎完全相反的一些扮演媒介角色的条件将建筑与其周遭环境的关系导向所谓奇遇的、不适当的与非本质的关系。原先的有机的泛神论让位给目前的无根的无神论。在这两种情况下，建筑无法隐藏本身所受到的严重伤害：与土地、自然以及生活完全脱节的关系。

现代建筑运动最初的所有造型的构思充满了完形心理学的主张，完形心理学本身则是从只是视觉的探讨，在战后时期的文化中转变为经由感觉联想而产生的复合关系的探讨。梅洛-庞蒂在1945年出版的《感知现象学》，以行为结构与感知为主导的探讨作为基础提供了有关人体研究的一项综合的说明。这项研究摒弃了只是视觉性的观点，由来自于周遭的世界透过空间-时间、性爱、移动以及表现性的方式带给人体的整体经验所取代。20世纪初期里格尔在分析不同的美学经验时提出视觉与触觉之间的差别的主张被现象学家转换成更一般性与更基本的理论。即使是美学也被看成不是与艺术的感知有关而是以更广泛的意义认为美学与自身以及世界之间的所有的互动都有关。

这些观念所反映的建筑时代是摒弃传统的艺术论述并且关注各种感知的全部现象。第十小组的争议以及寻找质朴艺术的创作团体或哥布阿对古代的与原始的文化反而更感兴趣。对文化人类学进行各种冒险的行动有助于危机的产生，所产生的危机不只扫除了艺术与日常生活之间存在的学院隔阂，同时也终结建筑目标在于建构更高层次的形式美学的构想。

20世纪70年代令人失望的古典造型的复兴并未消除50年代在美学领域中出现的危机与批评。密斯、康、阿尔托、科德尔奇或加德利亚在作品中所企图找寻的效果很显然与一些建筑师，例如柯布西耶，追求美的理念毫不相干。当主体与世界之间的关系已经变成引人争议的问题时，即使是对现象学研究进行实验性的探究也产生不了作用。目前我们活在自己与他人、自己与世界、甚至是自己与个人之间存在的疏离的关系之中。我们的感知并不是在发挥建构的功能而是在流浪，我们对自己的身体以及身体之外的事物所得到的经验是由异质的成分、没有包含分子的原子以及无法结合在一起的局部所组成的。真实性所产生飘浮不定的感知便是我们所面对的危机所具有的特征，建筑则以许多方式呈现出这种感知，使得设计案变成难以组合的一些粒子的原因不仅只是片段化的想法。而且未完成的、不完全的以及累积的想法也已经占了上风，使得大家相信自己无法提出更高层次的整合。

聚积、反覆、差异与分离变成是在讨论建筑时经常出现的一些重要的观念，同时也是目前情势的典型。这不仅是因为我们与世界的关系已经扩大并且有多重化的关系而造成的结果，同时也是因为过去一直主导艺术创造的整合、一致性与综合的观念已经很明显地变成无法达成的目标。这些观念的消失，使得建筑的实践本身变成是谦卑的与脆弱的事业，一种永久的近似性与无法克服的临时性。

在现代建筑崇高理想中，最为人所称道的是将运动的想法融入长久以来被视为是静态的与无法移动的建筑之中。在爱因斯坦相对论时期的建筑被视为是运动的具体表现，因此，时间成为建筑的第四向度。更确切地说，建筑在其内部与外部提倡运动的想法——建筑变成是为了移动性而存在的空间，充满运动的一个容器。这种理论建构所产生的结果使得建筑形成无法避免地强调“空”的想法。我们所举出足以代表第二次世界大战之后关键性情势的建筑作品本身都表现出好像是一个空的模子，可以让我们感受到永久的移动性的经验。就负面的意义而言，建筑强调空间胜过造型；就正面的意义而言，建筑暗示一种充满可能性的环境——一个空荡荡的舞台可以让人体验或演出一种新的与现代的生活方式。

在20世纪50年代似乎已经成为一种具有霸权性质的空间性在我们的时代已经非常彻底地改观，将实际的构造物的虚空间转变成纯粹的缺席。先前强调“空”可以保证可能性，目前“空”则反映日常生活的空洞。建筑不再是提供让一出剧可以上演的舞台，已经变成是一扇记实的窗，可以透露我们本身的真实性。一些用来描述当代作品的字眼——透明性、膨胀、没有界限、空间的相互串连——暗示建筑所扮演的角色比较是一种消极的造型而非对任何明确的图像内涵提出看法。在此之前建筑从未被诠释成移居的证明，已经不再和我们在一起的神只与人类所放弃的地区。“空”的亲密性、寂寞与真实性不再只是在纸上表达而已，强调背弃、抛弃与没落时代的尼采哲学目前似乎在最敏感的作品中找到了清楚的与深思熟虑的回响。

过去空间曾可以让使用者或观察者体验“空”的感觉，抽象的动态——短暂的感知所能产生的感觉联想变得比较不是那么不可抗拒，也比较不具有投射作用。目前的建筑并不想引起新的刺激，而是以疲倦的口气重申创新以及令人振奋的事物将不再有可能了，或终将是徒劳无功的。在当今的建筑时而吹着虚无主义的风，时而吹着现实主义的风，使得在50年代的危机时期建筑所产生的一些姿态、言语以及意象被清除了之后仍然能够留存着。对不安全感、战争的恐惧以及社会生活的冲突所产生的同情更支持了上述的状况，同时也受到提出乐观保证的建筑所保护。

在安藤忠雄与巴尔德威格的建筑作品中，时间是中止的而且热情似乎平静下来。甚至不再有一个主体在呼喊或作手势。由于上帝、神话、希望与梦想的消失，建筑也将本身腾空出来给个人主义与主体性。很显然地，并没有集体性的声音产生。更明显的是最杰出的艺术家的感性所捕捉到的是一个第三者，不是我也不是你，既非他也非她。艺术作品与建筑作品的品质无法再以任何客观的标准或是利用创造与创新的力量或主体独特性去加以衡量。目前建筑所呈现的适当的静谧正好符合科幻小说所着迷的意象——月球表面：对于月球空间的地志的辨识所提供给我们的知识不仅是干扰的也是没有用的。目前的评论可能描绘的当代建筑的地志是一种荒芜的地景与静物的地志，其中存在着一股强烈的空虚必须同时在想象与记忆之中才能予以消除。当代建筑所呈现的空虚是充满煽动的而不是使人镇静的。

如果我们没有具备一些基本的健康的观念的话，想要对目前的情势加以诊断将是没有多大意义的。评论的唯一任务在于量测与决定我们所发现的事物所处的状况的程度。绘制空洞的领域所呈现出许许多多可能的地形之中的一张地志，凸显出建筑如何在此空洞的领域中为大众与集体创造一个同时也能让个体与私密融入其中的情境。出版目前建筑的这种地志提供了依据某些人、某些大众、在某些时期以及某些地方对建筑加以评价的唯一方法。因此，每位读者可以绘制自己的地图路径，经由本书所提供的捷径去揭露另一个可能的建筑轮廓或事件。

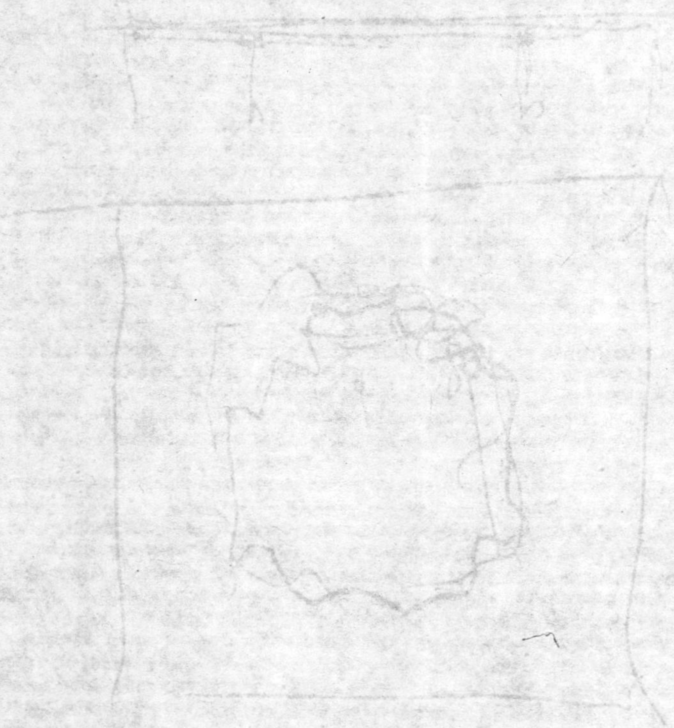

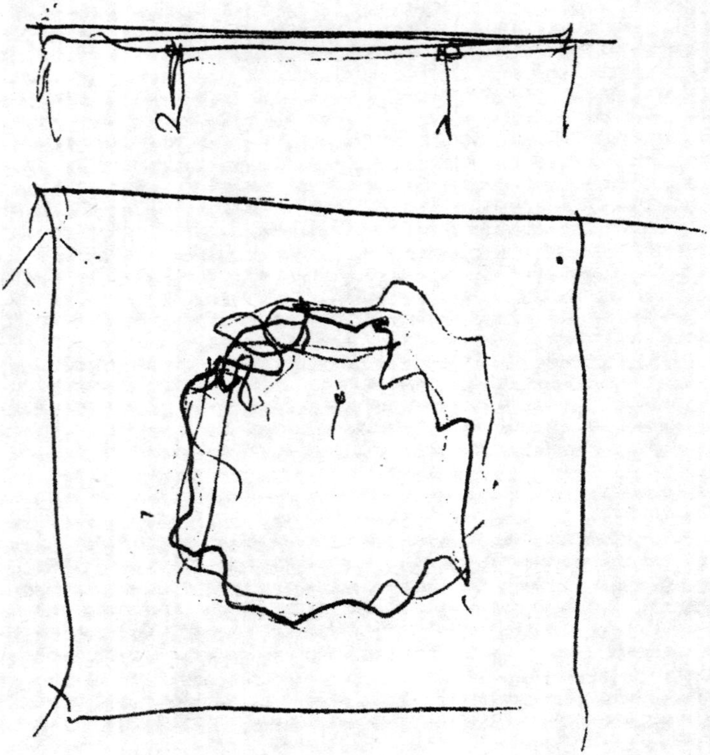

第二章　密斯与极少主义

当认同危机在20世纪60年代困扰着现代运动时，理论的一项任务是对现代建筑大师给予重新评价。在危机时刻采取这种文化动作方式不只是出现在建筑，同样也出现在一般的视觉艺术。后期的艺术运动涌现了另类的与激进的工作方式。在这些方式之中，极少主义与波普艺术形成了两种对立的探险方式，两者都出自对表现主义的主观性以及绘画惯例让人不得不接受的形式主义而产生的不满。意义指涉的问题成为极少主义与波普艺术家所关心的关键问题。极少主义主张让客体重返原点，如同1953年巴特著名的文章《写作零度》，在此基础之上很辛苦地建构出了最少的美学意义指涉。对波普艺术而言，站在对称的与相对的立场，所期待的意义指涉是模仿由传统所建立的模型或是由新的大众媒体所散布的新的选择项目——图像的、普及的以及流行的表现。

在建筑中很清楚地存在着一种平行的现象。面对已经站不住脚的现代传统的陈词滥调，有些人试图经由重返源头——被启蒙的建筑的纯粹泉源或是现代运的纯粹主义——去修复不可或缺的词汇并且建立建筑语言的手势。另一批人则非常不一样地相信将古典建筑予以大众化或是在古典建筑所具有的威望可以找到恢复意义指涉的力量。有趣的是，在20世纪80年代一些开业建筑师，在学院里以及在展览中开始出现重返密斯的想法直到目前仍在这两种立论基础下进行着——这两种观点一直没有被清楚地界定，不过却经常同时被运用。

目前看来意义指涉的问题似乎助长了一股强烈的需求，想要在密斯的建筑中找出古典的建筑传统，而且这股需求导致了一种错误的阅读密斯作品的方式。宣称密斯在贝伦斯事务所工作时以及在柏林培养了对申克尔的热爱，让他建立了古典建筑的基础，一些试图提出修正看法的人士在最近这几年主张密斯是具有古典传统的一位不寻常的现代建筑大师，虽然在他的作品中运用玻璃与铜呈现出现代性。现在是公开揭发这种企图心的时刻。同样地，也有些人企图以赖特与柯布西耶为研究对象作类似的结论：所有的这些努力揭露建筑师与评论者期望在一位建筑师的作品中找到一致的意义指涉，这位建筑师所提出的解决方法经过适当的规格化处理与操纵之后已经变成商业建筑在修辞上最具有代表性的老生常谈。

然而在密斯的某些建筑物中所发现的古典主义都很难构成足以说明其作品具有美学力量的理由。参考多立克神庙以及艾瑞克西亚神庙以及与申克尔的旧美术馆（Altes Museum）以及新岗哨（Neue Wache）之间对应的关系，透过爱奥尼克柱式对巴塞罗那德国馆(Barcelona pavilion)所提出的奇怪的观点，或是将位于柏林的新国家美术馆(Neue Nationalgalerie)的柱子刻槽视为是古典柱式的重新设计，这些想法都反映出希望透过模仿以及古典的模拟的一种急于寻求意义的心态。这些主张构成了一种意识形态的运作方式很难让人以密斯的态度、著作与作品作为整体评价的基础所在。

密斯的作品并非出自于企图以古典的柱式与文法重新创造一种永恒的与超越历史的性质。同样地以杜尚的方式，思考密斯的作品也是不恰当的，如此一来密斯的作品将被视为是一系列的建筑的现成品，带有某种现代唯名论的产品，其中所运用的古典图像所具有的多余信息可以确保建筑作品的意义。艺术理论家德迪夫在1984年出版的一本研究杜尚的著作《图书的唯名论》，正好利用图书的唯名论描述的约定俗成的程序，经由此程序在美学上不具有重要性的客体，例如杜尚的作品《泉》，可以被转换成为艺术品，这种唯名论以接受任何客体都具有艺术地位作为基础取代了柏拉图的实存论（essentialism)。由自然与艺术中所获得的秩序存于宇宙的和谐之中，成为艺术作品中奥妙的意义指涉的保证。以模仿的条件（艺术模仿自然）作为基础的语义程序是古典的操作方式的本质所在。依照惯例，建筑唯名论运用古典元素作为一种记号，一种肤浅的陈列想作为艺术的表现,詹克斯所谓的后现代建筑便是以这种方式在操作,已经到达令人作呕的地步。

在密斯的作品中，并没有像古典艺术方式企图从整个宇宙中建构意义、秩序、类型与整体比例关系。因此，要将密斯说成是最后的古典主义者是没有意义的。同样地，将密斯说成是波普艺术的支持者，认为密斯好像是以无比的勇气地去抢银行或绑架的方式将古典传统的意义指涉任意地占为已有的看法也是不恰当的。相反地，如果要建构建筑文本的零度的话，那么便需要完全不同的程序。

密斯的作品并非由意象发展而来，而是来自于材料，亦即用来建造客体的物质。这种物质是抽象的、一般性的、几何形式的、平整的以及光滑的，同时也是实质的、有形的与坚固的材料。而且材料也意味着一种更广义的材料性，包含构造元素的重力与重量、静态行为的张力、材料的硬度或易碎性、以及在建筑物建造过程中准备与处理材料的科技。最后这种唯物论会从物质方面的问题出发，包括照明、空调、外皮密封以及能符合设计需求且能让人满意的建筑物的功能。在密斯的作品中所呈现的创新表现并非出于模仿也不是来自于抽象概念的论述，例如有关空间、光线或领域的概念。密斯的作品是反映真实的表现，从一开始便是从物质方面出发、思考建筑作品。他认为建筑只能以建筑物的角度去理解，对于当时流行的功能主义不只是虚应故事，而是以具体作品加以实践，土根哈特住宅便是最好的证明，从精神层面的意义的指涉的源头开始，此栋住宅的感知条件都是由建筑物的物质性而得以确立。只有经由物质条件的方法，我们才可能找到"在这些条件内部运作的力量"以及"真正的意义指涉的运作"，诚如密斯在1953年所作的说明。

当然，对密斯而言，建筑客体的物质性与被视为精神意义指涉之间所建立的关系并非来自于从前已经充分发展的一些抽象元素；例如韵律、平衡、整体比例，以及量度。这些价值观无论如何都是一种结果。从另一方面来看，建筑师并没有让材料的造型去适应从前所建立的法则或惯例，这些法则或惯例是必须被模仿或复制的。

我们与建筑关系是当下的。正如德勒兹与瓜塔里在1991年出版的《什么是哲学？》所观察的结果，现代艺术作品是一团感觉，也就是说由感知与效果所组成的合成物。这种感觉并不像隐喻一样会将我们导引到作为参考点的另一个客体或意象。材料与其耐久性支持并产生我们经由感官所获得的感觉以及不仅只是主观的也不是个体面对艺术品时纯粹的反应而获得的效果。密斯激进的建筑是可以产生感觉的一种机实的与永久的实体，透过所产生的感觉使得材料的暗示与概念可以相通。

密斯感性的抽象条件强化了由感觉转换到感知以及由感知转换到概念，一种与科学或哲学无关的概念，在此种概念的导引下可以避免与所谓的概念艺术联结在一起的危险。透过极端的非物质化的方式，概念艺术企图朝向纯粹的讯息，朝向分类学，朝向一般目标与计划的系统陈述。密斯的艺术，如同贾德或弗莱文的作品一样，具有一种足以界定作品的材料成分。在他们的作品中经常出现的混凝土的材料特性并不是一般性的而是独特性的再现:这些作品所要表达的并不是一般性的理念,而是有形的实质客体，感知与效果的生产者。

将密斯的建筑视为是一个舞台甚至是空虚的舞台是错误的想法。这种隐喻被塔夫里以及一些信徒用来说明巴塞罗那德国馆，再次违背了密斯作品中的现代性而将密斯的作品的约简成一个构架，所谓的舞台，就定义而言是一种预先就已经决定好的视觉惯例。运用空虚的舞台的想法是说密斯的建筑物会产生感知的发射如同是捍卫作品具有表象作用的最后的一个据点。然而现代的感性已经放弃了这种程序。从18世纪的经验主义以来，从休谟与柏克以来，从普赖斯与奈特以来，透过企图追求随机、利用意象的累积以及强烈刺激的方式，已经使美学经验成为无法预期的骚动。

沃特·本杰明在1931年发表的文章《摄影简史》中提及:“电影提供了集体的，同时性的感知的素材，正如同建筑长久以来一直扮演的角色。”在密斯的作品中，所提供给我们的感知并没有预设某种观点，也没有新闻记者的秩序或层级关系。诚如维里利奥所言，摄影所发展的现代视野已经造成了不仅是空间距离同时也是时间距离的消失。密斯之所以对摄影合成产生兴趣，并且在他的书中利用摄影的控制技术复制照片并不是一件偶然的事，必须提醒大家注意，摄影证明了所有以舞台或剧场的观念企图诠释密斯的作品都是完全不正确的。

同样的情况，探讨密斯作品中的环境脉络是另一种不适当的概念性典范。他的建筑作品并不是根据环境脉络关系而产生的，同时也不是对作品所处的地方提出看法或加以模仿。以此种方式看事情的话是一种障眼法，将密斯的作品带到超出建筑师意图的境界。以罗森伯格的话来说，极少主义艺术作品"主张艺术客体可以独立存在，客体本身便能达成意义指涉"而不是在与过去的作品、社会的理念或是个人情感之间的关系中达到意义指涉。

美学经验的独立与自主的条件与密斯建筑具有的自我参照的特性有所关联。对密斯而言，建筑并不是一座纪念物，建筑不是一座纪念物是就其语源的意义而言；纪念物是指某件产品可以让人想到本身以外的事物，例如，某个事件、历史中的时机、某个社群、作品的源起或是某种公民的或道德的价值观。密斯在论述中曾一再强调建筑作品必须达到某种精神意义的指涉。诺伊迈尔曾针对密斯的思维做过非常精辟的诠释，他强调密斯深受现象学追随者舍勒所影响。瓜尔迪尼与兰斯伯格是与密斯同一个年代的两位思想家，他们对密斯的影响也是毋庸置疑的。诺伊迈尔或许过于强调宗教对这些思想家的重要性。瓜尔迪尼是一位天主教神父，无止尽地追求人、物与科技之间具有意义的关系。他企图在后尼采的世界中重建意义，在此世界中不只是上帝已死，同时黑格尔也宣称艺术已死，成为前卫派活动的根源所在。在瓜尔迪尼探讨礼拜仪式与神圣象征的文章中可以发现他对美学的想法，他终其一生思索超验的意义指涉，视其出自但却又取代了客体、手势、生活中的言词具有的具体的物质性。兰斯伯格是犹太人在1944年死于集中营，是穆尼耶与支持法国人格论的人士的朋友，他致力于阐述哲学思维的人类学，企图为人性、人类的生产以及人际关系重建一片园地的一套思想体系。

在这种脉络之下，密斯发展了他在艺术作品中自我参照的构思。也许密斯与极少主义对这种想法的运用存在着差异，主要是程度上的问题，这种自我参照与其他的价值观之间具有开放的或封闭的关系。对于20世纪60年代与后来的极少主义人士而言，作品并未诉诸也不想唤起任何事物除了作品本身。这样的观念带有来自于马拉梅的随兴主张以及马列维奇最终的静谧。艺术品是自我参照的，因为艺术品的起始与终结都在艺术品本身而且只能说明作品本身的物质性、实在性与明显性。在密斯的作品中充满相同的精神，使得建筑作品可以免于任何诱惑而成为传达意义指涉的媒介或是企图表现某些其他的内涵。艺术作品本身的表现成为自己的意义指涉的基本行动，不过在密斯的作品中实践了一种道德的想法。在第一次与第二次世界大战期间有关科技的论战其实是一场道德的论战。不论是斯宾格勒或海德格尔，曼恩或云格，对科技以及其产品的反省都跳脱不出道德的立场局限在对尼采式的虚无主义觉醒之后所希望展开的重建工作。分析希腊思想中艺术（technē）与诗意（poiēsis）之间的差异，例如耶格尔所进行的工作，是当时受大家所关注的议题，密斯也不可能免疫。重新思考中世纪美学，发现当时的生产与意义被视为是不可分离的，提供了上述的思想家以及密斯一种不容置疑的参考点。建筑作品的自主性，企图重新让作品成为一种“坚实与恒久的混合物”，如同塞尚想要在绘画中达到的结果，正是密斯建筑作品中的关键所在。建筑不应该是唯我论的、封闭在建筑本身、完全满足建筑本身的兴趣，也不应该完全是经验的，像毕加索所言：“我并没有去寻找，我就找到”。密斯在建筑中所要表达的是更广泛的道德使命，建筑师如何对社会有所贡献，利用透明性、经济以及建筑方案的明显性具体地实践理想。他的贡献是真理与诚实。这就是他所传达的信息。

1968年象征性地标示现代运动的终结以及后现代文化的引爆。透过格林伯格、罗斯、罗森伯格、桑德勒以及沃尔海姆等人的著作，当时的极少主义，作为一种潮流而言，不仅已经获得正式命名同时也有清楚的定义。

1968年也正好是位于柏林的新国家美术馆落成启用：这栋建筑物是密斯在建筑师生涯中最后完成的作品。德勒兹也在这时候出版他最重要的一本哲学著作《差异与重复》。“我想这本书在未来的很长一段时间会在我们头脑里打转。也许有一天会是德勒兹的世纪。”福科曾说过这样的预言。

在此引述德勒兹的文章是非常合宜的，因为该文章具有一种比喻的思想可以呈现出极少主义的美学经验与密斯的作品之间存在着明显的关联性。企图摆脱结构主义思考的僵化并且避免后尼采式的嘉年华所呈现的纯粹的分解，德勒兹的文章基于不均衡的想法在相同的与统一的一元论理念中导入重复与差异，建立了意义指涉的过程与意义重建的基础所在。重复如同创新，像是一种解放的机制、生与死的机制；重复如同意志，好像与自然法则对立；重复如同一种新的道德超乎习惯与记忆；重复必须经由差异的裂缝、不稳定与革新才能得到张力与创造力。

第三章 建筑与存在主义

有关现代运动的建筑发展的说明一直饱受在概念上相当贫乏的问题所困扰。首先，在草创阶段的主要人物认为现代运动的发展是一种自然的过程。这种有机的模型一下子就由另一种信仰所接替，这种信仰认为在所谓的正统中所正在发生的一切都只是从现代主义最初想要面对新的问题而提出的原则加以扩大或蔓延开来而已。最后，以自传的与世代交替的观点所提出的说明更进一步主张具有远见的现代主义的成就是一场接力赛，因此第二代、第三代与第四代就像是链子一样环环相扣。

近年来，在面对危机时产生了比较激进的想法似乎主张这种概念上相当贫乏的延续性已经被打破了，正如吉提翁所谓的现代传统的思路，提供了主张激进主义的人士所深恶痛绝的对象,或是让一些试图振兴现代运动的人士可以借此追本溯源,有些人将这种思路视为是前卫派的辉煌时期的成果，有些人则认为这种思路的成就不亚于启蒙运动的草创时期。目前似乎真的有必要好好探讨这种危机的情势，期望能发展一些新的假设以避免落入上述的逻辑陷阱。为了进行这样的工作，必须从“现代建筑运动不是只有**一个**危机而是有**很多**”的这个前提出发。这些危机让现代运动所具有的非常一致的与统一的理念中产生了一些矛盾。由于现代运动具有共同的原则与方法，这些原则与方法在一开始有系统地陈述时便出现问题。在此我不准备罗列在过去60年来现代主义建筑文化中所出现的各种危机，我将分析一个清楚的转折点——存在主义——希望能借此说明造型的与象征性的表现形式的转变，并不只是喜好的变化而已，而是由于知识论方面的改变而影响某个特定时期的文化表现，因此也会影响建筑。

因此，我认为存在主义不应该只是被视为是一种哲学思潮而已，同时也是一种文化趋势，促使道德的与美学的观点产生重整,结果使得建筑在第二次世界大战之后造成重大的变革。由于对个人与社会产生了另类的想法，有效地破坏了现代建筑的理论结构，并且让现代建筑朝向不同的价值观的方向发展，导致了文化客体的重新组织的结果。这种价值观的变化对于20世纪50年代主要的欧洲与美国建筑的想法产生了决定性的影响。

住宅

1933年的《雅典宪章》将建筑活动区分成四种主要的功能。住宅、休息、工作与交通成为建筑领域中不同的功能，分别属于独特的类型学的研究并且有各自独立的都市分区。

第二次世界大战造成的破坏，让住宅问题变成首要的问题；发展新的集合住宅形式变成是当时最迫切的事。在1947年出版的《建筑艺术与作品形式》中的一篇宣言，一群当时具有代表性的德国建筑师，包括陶特、鲍迈斯特、赖希、巴特宁以及特森诺，呼吁建筑师共同为基本的需求而努力。宣言中的第一项指出："大城市的重建必须加入能够满足独立生活的新的住宅单元。只有在市中心才需要有如同是一个文化的与政治的中心的生活。"由此可见，他们认为在新的城市中，或是在需要重建的一些既有的地区中，住宅的建筑物将扮演最重要的角色，并且也提出了产生重大影响的美学观念："集合住宅所需要追求的只是简单与实用。"这种论调并不是诉诸理性的方式、取决于科技的创新或最小的生存空间，而是接受完全不同的观念的一种召唤。事实上，简单与实用的观念形成了与追求新的以及实验性的想法正好相反的诉求。宣言的签署人赞同重新追寻源头的方式希望能够在经验中重新建立基础并且恢复真正的形式。

1947年在英国Bridgwater再次召开了现代建筑国际会议。在这次会议中，范艾克对于建筑的机械化观点提出了严厉的批判。范艾克主要攻击的目标是在当时仍是现代主义的主要宗旨：功能主义。因此，刚刚加入现代建筑论战的年轻建筑师与现代建筑国际会议继续支持第二次世界大战之前的功能主义信念的一些成员便产生了严重的分歧。对范艾克而言，针对特定的功能需求给予具体的与量化的回应方式并不是建筑师要追求的目标，相反地，建筑所必须寻求的是如何能满足人类的情感需求。贝克马在会议中也提出了类似的主张。贝克马后来在参与鹿特丹的重建时也呼吁建筑的基本目标在于激发人的心灵成长。

有关存在主义的术语——人本主义、情感、心灵成长、可靠性与正确性——开始出现在建筑舞台上。这些术语很快便应用在建筑论述中，反映出这些作者对新的文化风潮的回应。在这些人的推动下，建筑所构思的议题慢慢地产生了极大的转变，观念上的重新定位在接下来的十年中产生了决定性的影响力。

1953年在普罗旺斯所召开的现代建筑国际会议中，集合住宅的议题使得这种价值观的分歧很明显地呈现出来。史密森夫妇首次参加该会议，提出了初步的都市结构理论：针对集合住宅而建立的一种理论。根据史密森夫妇的想法，住宅是都市生活的典范。他们主张都市造型的概念应该源于住宅、街道、市区与城市，摒弃了《雅典宪章》所描述的城市分区的观念；并且将个体放在适合居住空间组织的中心位置。同样地，塞特呼吁建造百万栋的住家，所秉持的专业信念并不在于工业化大量生产或机械化的设备，而是以城市的居住者作为主体考虑个人的尺度问题。

在接下来召开的会议中，1956年在Dubrovnik举办，认同成为建筑师与都市规划师思考的新的关键性概念。认同具有重要的意义主要是因为缺乏认同被视为是造成城市严重恶化的问题所在。对都市认同的问题的反省对现代运动的教条与原则构成了敏锐的攻击。

1959年在Otlerlo召开最后一次的现代建筑国际会议时，整个方向已经完全改变。代表年轻的一代——范艾克、塞特、德卡罗、埃内斯托·罗杰斯，以及史密森夫妇与年老的一代——吉提翁、格罗皮乌斯与柯布西耶——引发了内部的争论。会场中充满了对认同的诉求以及与人本主义相关的一些其他的概念，例如核心与簇群，这种情况不该被视为只是以有机论隐喻的语言取代机械论隐喻的语言而已。虽然从自然世界的模型中获得灵感，不过却超乎某种有机的形式主义，核心如同是心脏一样，是事物最初的与最深层的基础所在；然而簇群则不仅仅只像是一串葡萄或一束花一样而是活生生的人集结在一起，透过彼此间的互动让每个个体可以获得意义成长为更大的人类群体中不可分割的一部分。这种情感方面的问题成为讨论战后建筑与都市重建时的议题，不仅强调集合住宅在都市转变中扮演主导力量的重要性，同时在至少20年间住宅反而成为最足以回应这些需求的建筑。

当时有关居住的问题在不同的领域中也关注类似的议题。海德格尔的文章《建造、居住、思考》广为流传，这篇文章并不是一位哲学家对战后欧洲所发生的现象进行深奥的沉思，而是针对弗莱堡大学校长创设达姆城论坛（the Darmstadt Gespraxh）邀请不同领域的专家学者群聚一堂所做出的具体回应。海德格尔在1951年发表这篇文章，附带一提的是在奥尔特加·加赛特的陪同下发表的，隔年刊登在达姆城学报并且在1954年收录于海德格尔《论文与讲演》的书中。

第二次世界大战结束前几天同盟国猛烈轰炸攻击的结果使得城市瞬间成为瓦砾，还有什么情景可以比这种惨状更能够促使营建商、建筑师、规划师与政治人物产生深刻反省呢？海德格尔在发表演说时便行指出以中肯的态度面对集合住宅问题的话，那么此问题将不是理论性的问题而是当前刻不容缓的一项任务。不过这位哲学家立刻又将紧要关头的事拉回到本质性的问题上。对海德格尔而言，住宅的问题必须从本质的观点加以思考。当代的人与城市以及世界之间的关系已经不再具有似乎合理的与丰富的关系。因此海德格尔认为住宅重建的需求并不是集合住宅短缺的问题而是现代人的情况所造成的一种结果；当代的人是没有国籍的、没有家庭、没有能够让快速建造完成的住所成为可以安身立命的场所。

对海德格尔而言，住所是一项任务。人必须学习如何定居，而且从体认人所处的无所寄托的情境是必须加以改变的事实，便能立刻学习如何定居。人必须让自己屈从于一种过程以达到定居。这种过程当然是建造的工作，不过必须要按部就班地先将必要的元素集合起来。基于这个理由，住所固然需要建造，不过住所是人能够将事物或客体结合起来的一种过程。因此，住所一开始的目的是要结束人无所寄托的困境的一种过程，最终导向建造。住所的目的是住宅，建造的过程是构筑起一栋住宅、一个家庭、一个场所，以建构起心灵的核心并且让生命与事物相结合。

海德格尔的文章中提及了许多营造物与建筑：海德堡的桥梁、德国的高速公路以及位于黑森林中的自宅。他对于住所空间的省思也同样强调根本的与基础的方向。追随胡塞尔对抽象笛卡尔空间的批判，海德格尔将空间的本质与主体生活在世间的经验联结在一起。住所空间并不是一种几何空间而是我们经由对场所产生现象学感知而得到的一种实存空间。住所空间的建造是以经验作为基础的。正如同海德格尔的许多论文一样，对住所的省思是针对技术文明以及住所真实性的沦丧所提出的控诉：希望能让手中握有建造任务的人将住宅视为是对无所寄托的与建构的住所的本质性需求所作的回应，并且能拒绝只考虑数量的与非本质性的集合住宅。海德格尔所呼吁的是一种重视品质的住所，能让人在大地与神祇之间安身立命的住所。

当时在战后必须面对重建问题的历史脉络下寄望对现代主

义的机械化都市与建筑的生产加以改善的年轻建筑师们以及受邀对当代住所问题加以思考的哲学家都提出了相同的目标，清楚地显露出他们的关注、期望与观点之间的关连性。

人本主义

20世纪20年代主宰着新的欧洲建筑的价值系统的主要基础所在可以说是人本主义。当然这个术语一直被应用在种种不同的历史情境中，不过在存在主义风潮的大环境下，人本主义也有新的意涵，以真实的人作为主体，将个人的真实经验、焦虑不安以及活生生的特殊时空知识也纳入考量。

如果说在第一次与第二次世界大战之间所存在的主要想法是进步、理性或幸福的话，那么第二次大战战后则是进入强调种族的想法的时代，重视每个个体个人的世界，不论是他的或她的私人的与主观的真实性，成为建筑与都市计划所追求的主要目标。例如塞特在这时期一直不断关心的是如何能达到更人性化的城市；这也正是1951年在Hoddesdon召开的第八次现代建筑国际会议所探讨的议题，会议结果出版的报告标题为《迈向人性化的都市生活》。自认为真正代表现代传统的这批召开会议的建筑师们经过深思熟虑所想出来的关键性概念，就是“核心”的想法。这个字眼所具有的多重意义正好说明了希望对抗《雅典宪章》的这群年轻改革派所关心的议题是属于哪一种的类型。

事实上，核心同时是一件事情最棘手的地方，一粒水果的中心所在以及人或有些有机体的心脏。在这时期把城市核心当成是在依据不同的都市功能加以分区的想法中所产生的一个新的分区，所涉及的问题不只是希望能建立一个多重形式并且能达到最大的社会交流的城市中心，尤其更希望此城市中心能扮演如同城市心脏的角色，换言之，如同被视为是表达人类情感最高层次的实质中心所在，所需要的是经由建筑以找寻一种新的人本主义。

将核心视为人体心脏的想法源于主张功能似乎必须屈服于热情的这种建筑论战。从第八次现代建筑国际会议的出版物中便能很清楚地看到这种人本主义的转变,《城市心脏：迈向人性化的都市生活》是这时期最重要的理论性都市声明。

范艾克在1959年对于建筑问题作了更进一步的思考，提出了“建筑将会符合基本的价值观吗？”作为他所要探讨的问题。由于他坚信人性涵盖了亘古不变的一些原则，使得他完全支持实存的人本主义的观点。引述布伯的说法，并且对人类学产生极大的兴趣，范艾克所追求的理想，依照他自己的说法是要让新的建筑的呼吸与人类的气息相互契合。

西班牙建筑师科德尔奇,曾经是现代建筑国际会议的成员，同样地强调某种实存的精神，拒绝所有的一般性理论并且主张运用具体的与经验的方法面对特殊的情境。宣称自己是天主教的人本主义，科德尔奇也同样主张来自于前卫派的抽象的、一般性的与机械的观点必须运用与人相关的重要性议题，例如性别与个人的特殊性，加以矫正。这种人本主义的想法并不只是偶然发生在建筑师身上而已。相反地，出现在建筑实践活动的这种想法是为了要回应哲学家、艺术家与知识分子所提出的人本主义的诉求。当时胡塞尔的弟子舍勒延续现象学路线的哲学著作被广泛地阅读。舍勒的书《人在宇宙中的场所》是这时期的畅销书：本书是以哲学观点探讨人类学的论述，所企图说明的并不是真实性与思想的一般性原则或范畴，而是人在宇宙与历史时间的无限之中属于个人的与切身相关的经验。

萨特在1946年发表的文章《存在主义是一种人本主义》也加入人本主义的论战。萨特提出了他个人所主张的哲学：存在主义，代表摒弃所有形而上学的传统以便在人类自己特殊的与活生生的真实性的基础上建构另一种思考方式。这篇广受渲染的文章很快地便激起了海德格尔旁敲侧击式的回应——正如他总是不直截了当回答问题一样——海德格尔在假借与朋友薄佛瑞鱼雁往返中对于萨特对人本主义所作的广义的界定大感兴趣并希望能借此让人本主义引起更多的讨论。海德格尔主张的人本主义仍是以现象学的方法为主，并且以企图重新调和当代的人与人所处的科技世界为其目标。他所主张的人本主义需要有组合的程序而不仅仅是一些论证资料而已，这种主义所要达成的是具有争议性的而且可能是不可能的目标。

心脏的隐喻、人性的诉求以及人类学日益受到重视，可以作为理解战后产生建筑有机论（Organicism）现象的指引。在20

世纪建筑的知性传统中，机械论与有机论被视为是两种相互对立的模型，是建筑企图找寻能够提供建筑一套全面性的说明的一种形式模型时所运用的两种隐喻。这时期的许多历史学者一直在探讨机械论者与有机论者之间的冲突，好像这样就已经说明了当时的现象。事实上，如果溯本究源这两种传统的话，机械论的潮流（“构成主义式”、“许雷马式”、“毕卡比亚式”、“柯布西耶式”）与有机论的阵营（“赖特式”、“范德维尔德式”、“夏隆式”、“恩斯特式”、“阿尔托式”）壁垒分明。不过这种形式象征的对立并无法说明什么。芒福德、诺伊特拉与赛维都提出广受争议的二元性的观点，不过比较有用的方式是将这种潜在的二元性归诸于不同的理由：有机论与人本主义的结合。“有机论就是人本主义”，阿尔托或诺伊特拉都可能说出这样的话，在他们看来，自然并不是建筑而是创造能与人以及人性尺度产生共鸣的建筑所依循的模型。

摒弃抽象，建筑师全心全意投入实存的现实，企图从没有受到文化的或科技的污染的风土建筑中找出本质的人本主义，正如鲁道夫斯基醉心的没有建筑师的建筑，可以形成足以散发出人性本质的一股地球上的自然力量。有机论与人本主义的结合并不是随机的过程，而是理性主义建筑、功能主义与新的科技产生危机而造成的结果。企图在建筑物与城市中以有机的方式找回失落的人性尺度可以说是海德格尔对于人本主义的想法所产生的实质的结果。

新的美学

存在主义,可说是现象学的小孩产生了崭新的美学系统,不仅对建筑产生直接的影响,同时也影响了整个20世纪50年代危机中如何思考与说明建筑的方式。

在现象学的传统中，首要的资料是意识的意向性，也就是说，客体的系统并未受到任何足以保证美学效力的形式法则所控制。相反地，在最初的阶段，所存在的是愿意透过身体作为媒介与世界建构关系的主体意愿。主体,可能是一个无名小卒,缺乏热情的人，在向前看时透过窗户与意识建构世界。艺术作品是由身体所散发出来的一种表现。对于萨特或梅洛-庞蒂而言，艺术所传达的并不是将主体导向理想的价值观。萨特的理论主张主体的意向性是在世的，寄托在透过知觉、想象与情感作为基础所建构的世界之上。其他的主体的身体被视为是自己的身体的产物。对于梅洛-庞蒂而言,在他的重要的哲学著作中所要解开的问题是打破唯我论。换言之，主体的身体建立的世界是以身体本身对身体所产生的事物作为基础。理想主义主张的概念：理念、精神与表象，被梅洛-庞蒂主张的概念：连接关系（articulation)、边缘、向度、水准与外形所取代。这些强调经验的想法提供了完形心理学的基础，强调透过美学——感知经验所达到的证据。梅洛-庞蒂从最早的著作描述感知的性质与重要性,到最后未完成的哲学著作探讨可见与不可见的议题,终其一生都在思考感知的问题。他是存在主义者中想法最具有系统的人，透过一套非规范性的程序作为基础，使得我们能与构成环境的客体产生关系。熟悉像埃内斯托·罗杰斯或维里利奥一样的建筑师的思想的人将可以马上确定存在主义的现象学思考对于20纪中叶的建筑所造成的冲击。

我们现在所分析的第二次世界大战之后产生的价值观的危机造成了反对以19世纪的理想主义追求美的主张作为基础的美学系统。视觉的议题被整体的、综合的、生产的感知所取代。由于摒弃了一般性的原则，美学由模型的模仿被转换成为主体对于能够透过情感产生意义指涉的基本的感知经验所产生的结果。一些理论性著作，例如安海姆与赫塞尔格伦等人，都以感知的现象学作为起点，摆脱了所有原先的一些既有的想法。艺术的与情感的界限因而消除，使建筑从必须创造出某种效果或必须符合特殊内容的限制条件中解放出来。建筑像其他美学创造的领域一样，从感知的实验中获得了绝对的自由，最后所呈现出的明显结果不只摒弃了现代传统的一些固定的样式，同时也开启了对造型、材料与空间展开充分的实验。

这时期所产生的现代语调的解体可以在由实存的现象学所产生的新的美学概念中找到合理的解释。颜色、质感、光线、造型、空间，更不用说一种复古的装饰主义以及完全自由尝试的实验，不仅激发了粗野主义，同时也激励了新的自由，表现风土的有机论以及坎代拉、奈尔维与富勒所作的实验性的超科技论。

从个人到社会

对现象学个人主义加以批判是符合逻辑发展的下一个步骤，并且使得建筑造型的基础朝向了以更社会性的考量方向发展。在萨特与梅洛-庞蒂的著作中，尤其是在卢卡斯与弗洛姆，而非在海德格尔或雅斯培的著作中，可以发现马克斯主义所带来的冲击，是造成转向社会性方向发展的决定性因素。对正统的现代主义的批判让位给对建筑采取的社会性批判。

对建筑一开始采取激进的批判展开了强调阶级奋斗的主张。提倡情况论的共产国际（Situationist International）的乔恩、德博尔以及瓦内杰等人企图以国际合作主义取代最后的现代建筑国际会议与第十小组，强调在政治与经济上的国际合作关系。

消费扮演着导引美学生产的动力；阶级的意识形态遍布在所有的艺术生产之中；阶级冲突与社会隔离是现代城市在未来所必须面对的新问题，这些问题将使得城市变得无法居住；由超现实主义或是对日常生活所作的现象学阅读而得到的集体的无意识的意象令人产生怀疑：这些批判最后产生了一个新的包豪斯、一个想象的包豪斯，可以让这群情况论者以20世纪50年代末期与60年代初期的经济奇迹作为基础，针对已经在艺术、建筑与城市中形成的新的秩序加以考验。

道德的人本主义与美学的现象学在20世纪50年代对建筑产生了极大的影响。自我实现、实验性的生产、完全的美学自由以及现代传统的瓦解像是一种经过理性发展出来的方法，支持无数的建筑作品，其中个人的经验、强调私密性、非纪念性与结合人类学与风土材料及技术，简言之，追求建筑零度定位(degree zero),构成了能够将表面上看起来不一样的阿尔托、诺伊特拉、范艾克、罗杰斯、康、奈尔维以及富勒结合在一起的共同的立足点。

1
2
3
4

第四章　弱势的建筑

弱势的建筑从一开始就暗示了（不会很难理解的）瓦蒂莫与其他的意大利以及法国与德国的思想家的近几年来一直都在讨论的弱势的思想与弱势的存有论。我认为真正隐藏在弱势的哲学这种说法背后的是对当代文化的国际化与美学情境所作的一种诠释。在这个标题下，我们接下来要问的是：建筑在当代的弱势思想的美学体系中所能扮演的角色为何？

在最近的一篇探讨现代建筑中的现实主义的文章中，塔夫里对于我们通常都说的现代主义提出了诠释上的质疑，他在结论时认为涵盖所有20世纪建筑的当代建筑不能再以线性的方式加以阅读。相反地，当代建筑本身呈现的是一种多元的、多重形式的与复合的经验，因此，我们有充分的理由可以有各种切入的方式，不只可以从上到下，从始到末，也可以用横剖的方式、斜剖的方式以及对角切入的方式。就某种意义而言，只有利用这种近似的方式，20世纪建筑多样的与多元的经验才能让我们澄清现代经验本身具有的内在的复合性。

我之所以会运用弱势的建筑这种说法，也是基于相同的理由。我建议用对角切入的斜向观点而不是世代的观点来看弱势的建筑，便能够在看起来好像是非常多样化的情境中找出一个常数，以此说明目前的状况。要诠释现代计划带来的危机必须从尼采所说的“上帝之死”所产生的影响谈起；也就是说，让我能够对真实性具有全面性的观点的知识与价值观所形成的系统不再具有绝对的参照，不再是一个封闭的系统。

古典时代的思想危机，诚如福科所言，是因为失去了一个共同的基础而造成的，在艺术领域或是艺术表现的想法则是因为企图达到再现的追求而失去了共同的基础。在《言与物》(Les mots et les choses)，福科煞费苦心地详细说明了再现系统如何成为古典时期的知识范畴（epistème）：模仿（mimiesis）代表能够清楚表达形象世界，包括建筑世界的一种方法；简言之，模仿代表了一种封闭的与完全的世界观，世界如同一个已经是完美的整体。

不过古典时代的终结，尼采宣告的一个无法重返的终结，事实上，消耗殆尽的事物仍旧启迪着——至少在某种程度上——

我们一直在谈论的现代计划。所谓的终结是一种“错觉”。在此，我想利用错觉这个字用西班牙北部的卡斯蒂利亚语中的暧昧字义玩一下文字游戏，错觉同时也代表一种充满希望的信念，因为ilusión既是希望也是幻想。错觉意味着一种过程，这种过程会导向一种确定的终结。在这种意义下，启蒙时代的计划，现代性的基础所在，仍参与在世俗的———神论之中，参与在相信有办法找到一种绝对真实性的这种理念之中，在此绝对的真实性中能够依据普同的理性作为基础建构艺术、科学与社会及政治的实用性法则。当这种系统出现危机时（由于无法建立一种普同的系统），我们便发现自己面对现代计划的真正危机以及当代令人迷惑的——或是说关键性的——情境。

尼采在《人性的，太人性的》(Humam，All Too Human)便曾提到必须要在没有共同的基础上打基础。在美学、文字、绘画与建筑的经验领域无法再以一种系统作为基础：不能像古典时代一样以封闭的、经济的系统作为基础；甚至也不能将基础建立在现代设计的先驱者企图建立的一套新的系统的错觉之上。相反地，当代建筑与其他艺术一样，必须面对的是如何建构空中楼阁；如何在虚无中建造。当代艺术的主张并不是建构在不可动摇的基础之上，而是在向前迈进的每一步时都必须提出目标并建立基础。

我想要强调美学在当代文化的危机情境中所扮演的角色。确实诚如在尼采的著作中，或是在海德格尔的著作所表达出来的尼采思想里，美学构成了当代经验非常重要的参照。在古典时代的系统中，美学只是一个非常特殊的领域，与具体的实践密切相关，并没有那么大的野心想表达整个存有的系统。在当代的经验，美学尤其成为了一种典范的价值观。正是经由美学使我们可以从模糊的真实性中体认出最丰富的、最生动的与最真实的经验模式。诚如海德格尔在思考科技时所提出的警告，假使科学最后变成是例行公事的话，那么我们将不难理解为什么文化必须从文化的中心转移向先前被视为是边陲的地带。最“盈满的”、最“活生生的”艺术作品在于能够透过经验本身将观看的主体与被观看的真实性紧密的结合在一起。

这并不表示在当代，美学经验是参照系统的中心。相反地，美学经验仍然居于周边位置；不过，这种周边位置所拥有的并非一种边缘的而是一种典范的价值。就某种意义而言，美学经验继续（非常吊诡地）构成在对真理与真实进行弱势的建构时一种最坚固的且最有力的模型，因此美学经验在参照系统与当代文化的价值中具有优越的地位。

（在此我们可以附带提一下在当代群聚社会中的艺术财富。美术馆到处林立，艺术家愈来愈受重视，印刷的与电视的艺术图像形成大量的消费，有关艺术方面的讯息受到广泛的喜爱，当然上述的一切反映出社会日益朝向强调休闲活动的发展趋势，不过与这种发展趋势直接相关的是日常生活、真实的与活生生的经验、科学的假象以及工作与生产所带来的枯燥乏味，艺术世界变成好像是真实性最后仅存的东西，让人还能够借此找到支持力量。艺术被视为是能够让当代的主体所感受到的疲惫得到纾解的一个空间。)

不过我们应该不要忘记当代美学经验并不是属于规范性的：当代美学经验并没有建构出一种系统，使得所有的真实性可以借此加以组织。相反地，当前的艺术世界是从经验中而来的，而经验则是由互不相关的观点而产生的，彼此之间存在着极大的差异，我们对美评断是在一种弱势的、片段的、周边的流行之下产生的，无法将其转换成为最为重要的经验。

19世纪后期的美学主义真正的希望是能将艺术经验视为对真实性所产生的经验的主要支持因素。正是在这种普罗米修斯式的努力下，使得一些正在消逝的、变动的与总是难以掌握的事物能够成为经验的一部分，如此一来，美学经验所具有的明确的特性就被淡化了，而且美学经验目前已经成为是一种片段化的与边缘的经验。只有从这种周边的立场才能发现美学持续发挥其诱人的影响力，美学具有的能力在于能够揭露共同性以及暗示真实性，而不是对真实性能有更深入的理解。

与海德格尔的思想密切相关的这种参照的架构对于诠释当代的建筑环境也可以发挥某种功效。由于希望能理清这种立场，我准备比较先前所讨论的以及针对目前情境加以诠释的其他途径，在我看来，这些途径似乎比较没有办法对目前情境做出令人满意的回应。在建筑文化脉络中，首先遇到的是如何面对危机的经验，最早的一些回应可以在20世纪60年代感受到的都具有原教旨主义（fundamentalism）的本质。这种原教旨主义的现象并不只是出现在宗教、反动的政治以及社会的一些特定的地区而已，在建筑理论与实践的领域也同样出现了一种原教旨主义。

这些原教旨主义以两种方向在运作。一方面，在面对危机时，有些人会以重返现代经验的精华企求秩序。威尼斯建筑学院所支持的一些理论的论述，以及20世纪60年代末期“纽约五”采取的立场，都宣称只有重新回到现代经验中最重要的、初期的、肇始的形式表现——亦即，柯布西耶的纯粹主义——才有可能找到真正的途径，再一次重拾真实经验的线索，这些声音主张建立正统的与正确的路线以对抗时代的分歧。在我看来，这是现代传统的一种原教旨主义的表现。不过有些人的理解则是想要恢复20世纪20年代前卫运动最原始的语言，对于其他的人而言，此种经验应该可以更进一步发展：他们想要找寻所失去的现代传统中更重要的根源，追踪奠定现代性的时机而重新回到启蒙运动时期的基本几何造型。

意大利的理性建筑潮流（Tendenza）可以说就是一种原教旨主义的主张：企图重新阅读在两次世界大战期间的理性主义以及启蒙运动时期的建筑师所提出来的一些充满理想的与极度激进的建筑。因此对启蒙运动时期的建筑师的作品大加赞扬并大力宣传推广并非出于偶然，主要的目的在于标榜源头以及重返原初的纯粹性。当然，有些人例如罗西虽然有这样的想法不过却否定这项举动的可能性。罗西的作品渐渐让人觉得有一股自我批判的过程。《城市建筑》书中所坚定主张的原教旨主义。罗西对此愈来愈失去了信心，使得他在最近的作品中转变成一种亲密的、私人的游戏。

不论是透过启蒙运动物原教旨主义或是麦尔方式的原教旨主义，都一再重复着20世纪20年代的纯粹主义，这些回应方式对他们而言只是纯粹的历史决定论。透过洗练的言词与高尚的目标，他们只是带着怀旧的企图去找寻心中早已想好的真正的根源，不论是柯布西耶的萨伏伊别墅、希尔贝尔门荒凉的公寓街廓、勒杜的绘图，或是任何被视为是出自真正传统的一些图像来源。

相对于这种原教旨主义的错觉，弗兰普顿在近年来一直主张一种更具有辩证的、比较没有那么单一的、比较不是那么自我封闭的途径。批判性地域主义是弗兰普顿一直在宣传的一种理念，虽然我个人觉得并不恰当，不过有些人则认为至少此理念将二元性的想法导入对当代情境的诠释之中。弗兰普顿的主张具有两种截然不同的面貌。一方面具有**抵抗**的理念（在我看来，这是最吸引人之处）。在此理念下，弗兰普顿继续抱持着法兰克福学派的主张，并且坚信只有透过批判的态度朝向真实性是让当代建筑能够维持一种严格的，并且非因袭的立场的唯一方法。此种态度可以让当代建筑可从平庸的文化中从堕落的市场力量运作之中凸显出来，抵抗是面对这些挑战唯一有效的回应方法。不过相较于抵抗的想法，**地域主义**的理念似乎是比较天真。当然，弗兰普顿的概念源于海德格尔的哲学，尤其是《建造、居住、思考》一文。当人们提及海德格尔时应该是小心翼翼的，不过这种小心翼翼的情况在弗兰普顿陈述地域主义时却不是那么明显可见。一方面，海德格尔的著作代表对现代世界的疾病的一种诊断：孤立、临时性、变动以及失败。不过，另一方面，我们现在也知道先前的弗莱堡大学校长与20世纪30年代突起的纳粹之间的关系，以及海德格尔如何坚持完全反对科技发展的立场，并且企图抵抗传统价值的沦丧，包括风土的、反都市的、古代的传统价值，这些价值构成了在现代主义中一段反动时期的基础。当弗兰普顿主张这种新的风土主义时所激起的回响是重新找回场所的、光线的、建构的（tectonic）感觉，以及触觉的感觉而不只是纯粹的视觉的感觉，这些感觉正是他所谓的新地域主义的特征。毫无疑问地，弗兰普顿撷取了一种有效的操作方式：体认类似一种“系统”的方式已经无法适用了，因此必须从多重中心的策略中理解建筑建构的真实性。尽管如此，我相信同时去接受在古典时期的旧有的政治都市文化秩序中才可能理解的一些建构的范畴是非常天真的想法，当时的文化是由建造、居住与思考共同形成的一个整体。海德格尔的论述中针对已经造成世界陷入危机状态的一些沦丧的现象所进行的惶恐的检验工作，在弗兰普顿以及当代建筑的一些理论家的论述中都变成一种以现象学的方式进行天真的修复工作，欠缺对当代危机的洞察。

在卡恰里经常发表的精辟的大量文章里其中的一篇可以看出他已经没有那么坚持拒绝对海德格尔著作做过于直接的诠释的想法了。卡恰里认为，海德格尔所谓的大都会的经验并不是透过**住所**而是透过**离弃**（desertion）建构起来的。孤寂（desolation）就某种意义而言，构成了大都会条件的基础或根源。在探讨海德格尔晚年一篇文章时，卡恰里指出，事实上，当代大都会的经验并无法让我们像希腊巅峰时期的雅典或是西斯廷五世教皇时期的罗马的市民一样可以谈论住所的问题；不同于当时的情况，我们的大都会住所是分离的、多样化的，比较属于不在场（absence）而不是在场（presence）。诗词所要表达的是充满生命力与基础所在并无法构成我们日常生活周遭的整体状况，只能成为表达不在场的一种经验。换言之，正是这种不在场的经验描绘出大都会主题的轮廓。如果弗兰普顿的主张有意义的话，充其量只能说，这样的主张扩大了我们对真实性的视野并且告诉我们必须接受现代经验中无法控制的多样性；在卡恰里的评论中强调不在场的感觉，带给我们当代评论中最重要的一个概念，这个概念直接源于考古学所能得到的片段的经验。

法国后结构主义对考古学所赋予特殊的意义，主要源于福科的著作，并且由一些思想家，例如德里达继续发扬光大，将之应用于文学沟通的分析上成为一种解构的程序。不过考古学的想法本身变成是一种描述的工具，以几乎是物理性的方式在操作，对营造的真实性进行重叠的阅读：所要阅读的真实性无法再被视为一个统一的整体而是不同的分层(layers)互相重叠在一起。面对这种真实性，艺术工作所能做的就只是针对这种重叠的系统进行重新阅读或重新加以区分。考古学的想法所带给我们的理念很显然并不是构成一种封闭领域的真实性，而是一种交织着语言的系统。在考古学中没有人可以天真地想象过去的知识系统，只要利用挖掘出未被发现的客体加以累积便得以建构。这些客体本身反而代表着重叠系统的一种分解过程所产生的结果，系统没有涉及任何的地方，系统可以根据自己的逻辑自主地移动。同样地，语言也是一种多样性，无法再以线性的方式加以阅读。我们可不再相信一种记忆内涵对应明确的记号形式所具有的真实性，正如达希德会主张的说法。相反地，此种真实性构成一种岩浆，既是生产者也是被生产出来的产品。只有透过解构的任务，对并置的过程进行分析与理解的工作才能够厘清其中的一些关联性。

毫无疑问地，这种思维方式在形式(其中包括建筑造型)生产的经验中会有一种非常直接的转译。事实上，一些最近的建筑经验便是重叠的经验。符号内涵并不但利用一种秩序井然的方式，而是利用一些可能相关的片段加以建构的，从一些片段到另一片段，彼此之间并不相关；彼此之间相互拉近关系，然而却又从来未接触；互相重叠，在时间的不连续中提供了并置的阅读成为我们能够最接近事实性的方法。

同时，考古学与语言之间的关系在当代性的论述中产生了一种根本的创新：时间观念的中心性（centrality)。这种时间观念与古典时期的时间观念大不相同。当代的时间——乔伊斯、穆西尔、巴尔加斯·略萨的著作中以艺术表达方式预见了目前重叠虚拟的与真实的时间所形成片段的真实性——最明确的代表就是并置：一种不连续性；某种已完成的事物，然而却与一种单独的、唯一的、封闭的与完整的系统形成强烈的对比。在古典时期的建筑中的时间可以完全约简成零（正如同在文艺复兴的中心性所产生的经验中一样）或是充其量拼成一种控制的时间——有一个起点然后有秩序地、循序渐进地扩张（是巴洛克的时间经验)。事实上，吉提翁在《空间、时间与建筑》中说明现代时间之所以先分析巴洛克建筑并不是偶然之事。在某种意义上，这代表了对第一代的现代建筑师而言，时间/空间被界定成一种连续性而非一种片段或并置，正如同在文学、戏剧、音乐以及其他领域长久以来一直抱持的想法。

然而，当代的时间无法维持这种古典的或巴洛克的错觉。当代的时间本身好像是一种分解的爆炸(diffracted explosion)无法提供我们难免建构经验的唯一的与单独的时间。相反地，有许许多多的时间，各式各样的**时间**，使得我们对真实性的经验可以产生。面对以及企图理解时间的多样性的问题涉及了20世纪所有在艺术方面的奋斗。立体派经验中的时间、未来派的时间、达达主义中的时间、视觉的形式主义经验中的时间以及形式主义中的完形经验，都是由多样化的、并置的时间中发展出来的艺术尝试，此种时间的想法构成了现代性最基本的条件之一。尽管现代建筑的大师们不一定都完全理解此条件，不过在许多状况下他们都觉得需要一种可以脱离整体性观点的向心性的时间，不过受电影的连续镜头的流行所影响，这种时间可以透过线性的观点完美地加以组织。在柯布西耶的作品中，建筑散步(promenade architecturale)并不是一种多样性，而是一种可以控制的路径。这种错觉不只是出现在柯布西耶的作品中，同样也见诸于吉提翁以及代表现代经验的其他重要的建筑作品，以及历史家的论述之中。随着大都会文化提供给我们的时间愈来愈多样性，对此现象的体认好像是以各种方法对建筑语言展开的一种考古的途径。

时间的多样性变成是我所谓的弱势建筑的中心议题。支持乔伊斯等人的观点，与吉提翁所主张的理想的叙述方式背道而驰，这些建筑将艺术作品的美学经验转换成为**事件**。当下时间性本身并不是一种系统而是一种随机的偶发性，与运气密切相关，在无法预期的场所与时机中产生此种时间性。当代的某些艺术作品中，例如舞蹈、音乐或装置艺术，所强调的是在事件之中的短暂的时间，只会发生一次就完全消失的经验，借此说明当下时间性的想法，从事件中发现了当下时间性最丰富的表现形式。

如果事件的想法可以让我们更接近薄弱的建筑所具有的一项特征的话，德勒兹提出的折痕（pli）的想法也具有同样的重要性。德勒兹在所出版的一本书中，表面上好像是对福科的思想作一番平淡无奇的综合整理，结果却发展出如何建构真实性的当代观点。书中最吸引人之处便在于掌握了当代思想中的客观与主观，并不是相互对立的领域而是构成德勒兹所谓的“一种独特的真实性的折痕”。对建筑而言，这里折痕的想法提供了发人深省的机会。真实性像一个连续统一体（continuum）一样地涌现；在此连续统一体之中，主体的时间与永恒客体的时间结合在相同的环带之上，客观与主观的相遇只会发生在这种连续的真实性在本身的连续性中断时所产生的折痕上。

特里亚斯在《世界的界线》(Los limites del mundo)论及当代情境与当代艺术中所具有的无时间性的性质；无时间性的意思是指在真实性中具有一些突然的、无法预期的事件，这些事件并不是透过线性的与可预期的组织方式产生的，而是经由折痕与裂缝而产生的，正如同福科经常提及，折痕与裂缝有时可以提供诗词的与创造的强度飘浮不定的短暂时机一处庇护所。

事件所具有的临时性的本质以及真实性中这种无时间性的折痕结合在一起，造成了我所谓的弱势建筑永远都是装饰性的。大家不必害怕：装饰在现代传统中是一个令人讨厌的字眼，不过重新思考这个字眼的意义以及装饰（decoration）中最重要的得体（decorum）的想法所具有的根本的意义是迫切需要的事。

事实上，这个字眼在阿尔伯蒂以及人文主义美学的思想中扮演着非常重要的角色。不过，在此我主张以不同的方式利用这个字眼。由于装饰这个字眼已经广泛地被应用在装饰杂志以及日常生活的用语当中，装饰变成是无关宏旨之事；装饰本身所代表的并非重要的本体(substance)而是意外(accident)：某种补充的事物，照本杰明的说法，会造成在阅读事物时无法专心，并且让人分心，使得真实性可以更具有魅力，并且获得美化，使得真实性可以更让人接受，没有想要强调本身的重要性，并根据整体的需要而以不同的方式呈现。因此，装饰或是当代的艺术与建筑的装饰性条件所具有的意义并不是粗俗、平庸以及重复已经建立的一些老套，而是一种清楚的折痕重新回到可能是次要的功能，将设计案从超出对事物的假设基础中拉回来面对的一种功能。海德格尔在探讨空间中的雕塑的问题的一本书，《艺术与空间》(Die Kunst und der Raum)一书中主要内容出自与奇利达的对话作为基础，在首次出版时以这位西班牙巴斯克地区的雕刻家创作的一系列的美丽的蚀刻画作为插图——便论及此问题：装饰并不一定就必然是粗俗的琐碎事物，而只是愿意承认艺术作品——雕塑或建筑——具有某种弱点的事实，因此利用对次要的位置进行调整，可能让装饰本身展现最优美的条件，最后发挥装饰最大的意义。

在结束本文之前，我想再大略谈一下弱势建筑的最后一个特征：纪念性，在此我们又得求助于文字游戏。此处的纪念性问题并不是作为绝对的表征。在古典时代的纪念物代表着中心，超验的神祇图像，足以保证时间的一致性。在皇家广场中央的国王肖像代表着权力的象征，清楚的层级关系控制着特定的公共空间。位于透视中央位置的方尖碑是一种纪念物，为再现的视觉结构所具有的一致性与固定性提出了保证。我所希望探讨的并不是这类的纪念物，因为纪念物已经在当代的情境中引发了危机的产生是非常明显的事。弱势建筑的纪念性并不是延续着古典时代的纪念物而来的，不论是从几何形式的或意识形态的价值而言，只能从此字眼的词根monitu，亦即记忆，才发现纪念性在当前的脉络中所具有意义。

同样地，海德格尔在《艺术与空间》中曾引述歌德的一段话，我想在此重复引述："真理并不一定要具有物质形式，真理应该到处飘动就够了，就像是一股活力一样能够促成某种和谐的关系；像是钟声响起时所伴随的一连串声音，带给我们一些极有限的宁静。"我在此所要探讨的纪念物的理念是我们在营造的客体中所能发现的：在所有的开口部中，窗户会产生比较强烈的真实性，而且窗户的表征被塑造成是一种遗迹，如同是在钟声停止之后产生回响一样，构成了纯粹的剩余物，如同记忆。在《城市建筑》中，罗西利用纪念物代表永恒性，因为他仍然是在真实性所具有的一元论概念，以及固定的与静态的城市定义中思考问题。相反地，我在此提出来讨论的纪念物则是与听到诗词之后仍萦绕于耳的回响，以及看了建筑之后所产生的记忆息息相关。

这是由弱势所产生的力量；这股力量使得艺术与建筑在采取不是具有攻击性的与宰制性的，而是偶发性的与弱势的立场时仍然能够进行创作。

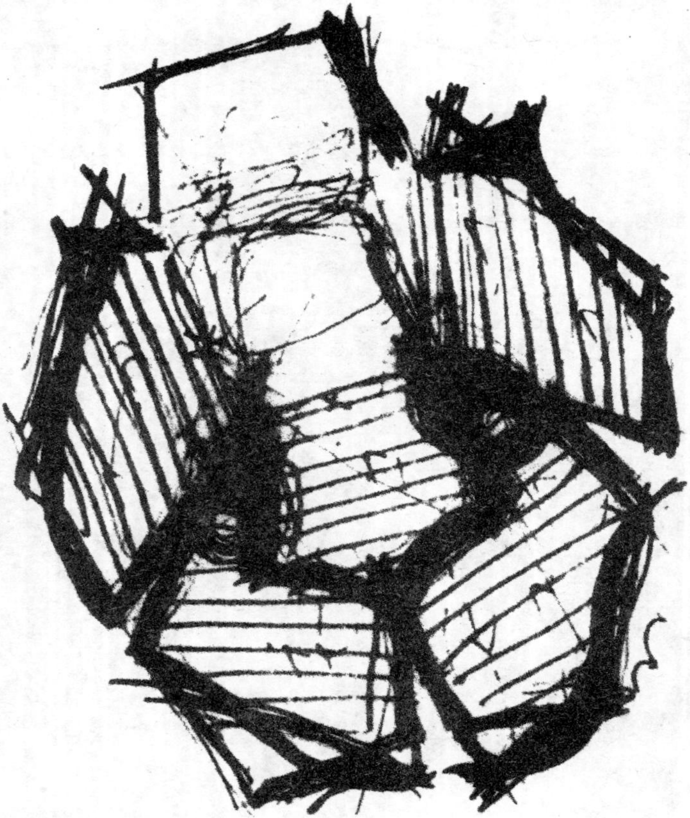

第五章 从自主性到无时间性

自主性

前卫派对历史、时间、变迁以及社会关系所提出的假设在20世纪60年代受到极大的批判。1968年的意象可作为一种象征的代表，这种批判包括了一大串对目的论的与进步的模型加以攻击，这样的模型已经在艺术与建筑的作品中产生了意义。此模型在一股旋风中遭到摒弃；这股旋风充满着蓬勃朝气与乌托邦的思想，同时又带着悲观的与自我批判的想法。

1968年的革命情势支持着新的、更局限的与小心的主张，最后导致了不确定的与混乱的场面。从前苏联坦克开进布拉格以及美国青年在越南毫无目标地作战所引起的悲观的想法转移到对巴格达进行高科技轰炸感到不耻，以及对库尔德族逃离自己的家园的景象感到麻木。

在学院之中，如同人性永无止尽地成长的线性的历史概念，在20世纪60年代被结构主义的思想所打破。结构主义不只代表一种哲学，更代表一种方法。解释真实性的一种工具，源于布拉格学派的形式主义语言学，结构主义很容易便进入了人类学、社会科学、法律、文学与艺术等文化领域之中。利用与口语语言的类比作为基础，结构主义进一步在任何领域的真实性中剖析相对应的过程。

这种语言学典范的传播产生了两个立即的结果。首先是将任何文化的成果或过程都视为是一种语言本身的问题，如同是记号形式与记号内涵之间相互依存的关系。假定所有的一切都是语言，任何事物都是一种意义指涉的过程：简言之，所有的一切都是沟通。艺术、社会行为、生产与消费的经济机制以及建筑都是沟通的管道，诚如麦克卢汉所言，透过大众媒体所传送的特殊信息是依照媒体的特征而定。

结构主义对文化与社会的观点演变成为泛符号学（pansemiology）以及真实性的媒体概念。埃科、布希亚以及巴特也将结构主义视为沟通的想法大力鼓吹。不过这种思考方式被视为是一种中性的科学方法，一种源于胡塞尔现象学而来的一种简单的客观主义却具有另一种根本的特征：结构、语言以及意义指涉的过程，就定义而言，都是自主的、封闭的、纯粹并且完全自给自足的。结构主义的分析揭露了在生产关系或是营造方式的总体性中存在着自我调整的机制运作其间。结构主义最根本的方法论原则是一旦一种结构性系统被确认之后，所应该检验的是系统内部的机制，一开始的设定会控制着系统运作的组织，最后系统的潜力会自我发展。

结构主义的涌现对艺术生产造成了重大的影响。当科舒希在1969年撰写《艺术确实是为艺术而存在》，提出了艺术自主的原则。一方面运用概念艺术的符号内涵重新发掘杜尚，所有的参照包括艺术作品本身的世界都完全消失无踪，另一方面，强调沟通的与语言的方式理解艺术活动。

概念艺术主张理念比客体的物质性更重要。经由明确表达的逻辑程序理念得以融入艺术的沟通之中，因此，概念艺术的美学主张的主要目标便在于如何明确表达逻辑程序。在奥本海默、莫里斯、迪贝兹、诺曼、鲁夏以及科舒希等人的作品中，令人感兴趣的并不是政治的、生态的或形式的讯息。作品的灵感来自艺术家对于他们所从事的艺术生产者的活动，以及作品自我参照性（self-refrentiality）进行自我的反省。“艺术是对艺术提出看法，在艺术的脉络中呈现出来成为对艺术的一种意见。”诚如科舒希所言，正好切中与艺术生产息息相关的程序、内容以及参照的自主性。在此主张之中并没有全真式命题(tautology)，正如同在“艺术如同理念就如同理念”的说法中也没有全真式命题一样，这种说法已经变成是今天的艺术家最主要的创作主题。

尤有甚者，艺术并不是客体：艺术并不等同于一件人造物，我们无法完全不管一件人造物是如何被构思的与实现的而能去欣赏它。比起完成的：孤立的客体，使其得以存在的理念反而更为重要。艺术的沟通是因为我们能够理解客体是一种结构所产生的结果时才会发生，这种结构永远都只是由先前的研究而得到的一种暂时的状态而且会继续发展下去。只有从复合整体的结构以及记号形式与记号内涵的连续性系统之中，我们才可能接收到理念并且参与艺术生产的创造过程中的自我参照与自主的讯息。

在建筑中，自从20世纪60年代中期我们也同样发现到一种与先前所描述的造型艺术的主张相同的想法。在1966年出版的《城市建筑》中，罗西批判功能主义的传统：将营造形式的来源归诸于超乎形式本身的逻辑以及形式转变的内在过程之外的因素。对罗西而言，“如果要利用对都市人为事实的解释去说明都市人为事实的组织与形式的话就必须拒绝运用功能观点的解释。因为禁止对形式的研究并且不依照建筑本身固有的法则得到有关建筑世界的知识，使得这种解释成为一种压制的而非启迪心智的解释”。主张以自主的方式理解建筑，以建筑固有的理论作为基础——在建筑论述与手册中说明的理论——并且利用形态学与类型学的资料作为分析建筑与都市设计作品时的重要参考资料，由此可以看出结构主义的思维对建筑领域所产生的影响。

罗西引述列维-斯特劳斯与雅各布森不仅很清楚表明了支持其理论的来源；在执行建筑师的业务时也同样表达出他真正关心的议题。多年以来罗西的作品一直试图从建筑的内部清楚地陈述一种论述：探讨主要的类型之间的关联性或是将图像的操作约简成建筑生产过程中最重要的特质。建筑变成是与客体在进行没有开始也没有结束的一种游戏。罗西的建筑作品本身便显示出在类型与意象之间不断的互动之中相互之间产生一种永无止尽的结构性的相互影响关系，理念的表达正如同是一场形象的游戏构成了罗西的作品中所要追求的主要目标。

许多人在看到一栋罗西的建筑物以具体的材料盖在真实的基地上时，会有一种错觉破灭的感受，主要是因为建筑物必须以客观的或功能的方式予以考量，但是设计者都企图要强调在绘图中所呈现的过程，因此，建筑物的建造是在建筑论述中被理解成一种自主性的事件与构造或实用并不相关。

当德雷克斯勒、科林·罗与弗兰普顿在1971年名为“建筑师五人展”的目录中指出参展者的作品中具有某些共同的特征时，他们主张建筑作为一种学科的自主性以及此学科完全依附于形象。现代建筑的内在历史已经将这种玩形象的游戏交到只重视句法的一些建筑师手中：对于这些建筑师而言，语义学的问题并不是他们所要追求的目标。由草图而非建造出来的作品所界定的理念超过了“真实事物”的重要性。不仅仅是科林·罗对现代建筑的失败所提出的说词，同时更是他所强调的**理念**，使得参展的五位建筑师虽然从一开始与最后结果都不相同却能够结合在一起。

同样也是自主性。现代建筑在一开始时便已经在行动中建立的一种内部的游戏。尽管如此，这种自主性后来则以不同的途径散播开来：格雷夫斯朝向新的语义的形象实验；艾森曼在20世纪70年代的作品则在探讨语法的问题；海杜克的作品中则在找寻原始的神话与奠基的事件。在他们的作品中，建筑本身是一个自给自足的宇宙，由本身的历史获得滋养，并由本身内部的规则中涌现，正如同古典世界神话中创造的罗马神祇密涅瓦是从罗马主神朱庇特头上生出来的一样。

激进的批判

结构主义的思想只是更为激进的文化与艺术批判的一个层面而已。法兰克福学派已经建立了永无止尽的自我批判的路线。受到第二次世界大战的破坏所造成的伤害，造成了对所谓西方世界的文化价值观的不信任。如果存在主义建构一种主观的与个体的回应方式，法兰克福学派的批判理论则企图提供一种客观的解决之道。阿多诺与霍克海默尔所发展的文化计划以及马库兹与哈伯马斯的超级批判所要追踪的心智的途径,并不是在所有的艺术与哲学的生产中找寻新的提案而是诚实的心智活动。

批判理论对于美学生产的领域所给予的特别的关注对我们的分析而言是非常重要的。没有所谓的进步的艺术、进步的文字或进步的建筑。就马克思的说法,一切都是神话的建构,换言之,一切都是意识形态。现代性的艺术生产所产生的讯息是在建构神话,将从一种异化的社会所产生的圈套供在庙堂之上,并且提出单一阶级的价值观,具体实践政党的利益并且反映出在阿多诺所谓的后资本主义(Spatkapitalismus)所呈现的无法解决的社会矛盾。

知识分子唯一的功能是展开反叛的行动:不再有任何企图提出新的计划;没有可以界定未来的空间。曼汉像法兰克福学派的成员曾经做过的努力一样,利用概述马克思对乌托邦社会主义与意识形态的批判限定了乌托邦的思想。批判理论在艺术生产与自我反省之中引发了反动力量,使其朝向虚无主义的方向发展,对任何的生产活动都失去信心。以阿尔都塞贴切的说法是艺术实践被理论实践所取代。所有的生产都是一种意识形态,在经济结构中存在的宰制力量所形成的结果,完全以阶级斗争作为基础。艺术与建筑只是反映这种意识形态霸权的上层结构。

在这种状况下,艺术生产必须被批判活动所取代。探讨能够生产艺术的工作，不光只是收集意识形态的产物而是必须发展出一种对隐藏在所有艺术论述背后的意识形态的批判。黑格尔主张艺术死亡的论述重生了。传统所认为的艺术生产被转变成为行动：批判的、揭发的、破坏的。

一些艺术团体，例如哥布阿、激浪派（Fluxus）以及后期的新达达派，所呈现的偶发事件与反艺术事件，应该被理解为艺术家在艺术实践本身之中对任何的媒介都无法信任而宁可采取破坏的一种表现。接受日常生活中的形式以便用侵略性的心态加以瓦解，这正是卡普罗、韦斯特尔、汉森以及尼奇惯用的方法，同时小野洋子、布宜斯、奥登伯格、德马里亚等人有时候也会运用此种方式。

砸碎的汽车或电视机；从莲蓬头喷出血的沐浴；在剧场或艺廊的洁净空间中点缀着内脏；将一些长满肥肉的裸体的人堆在一起；电子音乐、喷洒油漆、机械噪声的结合并以照明机拍摄所产生的视觉的变形：所有这些破坏行为、灵肉的毁灭、彻底灭绝，以及毁灭构成了艺术对批判计划所做的解释。哲学所宣告的艺术之死在这种恢复侵略性的与粗暴的达达派策略之中呈现出来，尤其是运用着比杜尚与本杰明还更高明的方式制造神话：杜尚扮演着物件制造者的角色，以讽刺的方式对抗艺术的惯例，质疑约定俗成的惯例所强调的视觉价值与不可复制性；本杰明身为非正统的思想家，置身于学院之外，由片段组合成一种无法完成的论述、预见资本主义世界堕落的先知、沉痛地追忆着过去。

德博尔与瓦内杰的情境主义（Stiuationism）同样也是在将激进的批判视为理论实践的这些条件下发展出来的。情境主义者揭露了现代都市计划与日常生活的心理病态之间的关联性：由决定论与近似法西斯的包豪斯而发展的理性设计原则导致的独裁；最早期的生态的批判；让广告影像所传播的情欲迷思变得俗不可耐；都市空间的经验并不是一种组构秩序的结果，而是一种偏航（derive）、一种由视觉经验所累积而成的一种飘忽不定的状况。掌控所有的这些主张便是对当代文化的批判。不是来自于美术馆、音乐会、文学与艺术而产生的壮丽的、高尚的、官方的文化，而是由广告、电视、漫画书、建筑与都市设计等强大的媒体而产生的大众文化、日常生活的文化、法兰克福学派的批判理论所产生的另一个结果是建筑史学家的激进主义以及威尼斯大学建筑学院的评论家。塔夫里一开始是罗莎、特龙蒂以及内格里的知性支持者，在20世纪80年代则转向卡恰里以及雷拉，扮演着对现代建筑采取激进批判的代言人。《建筑意识形态的批判》(Per una Critica dell′deologia architettonica)最早在1969年出版，后来重新整理成精简的《计划与乌托邦》于1973年出版，以马克思主义对意识形态主张的负面意义以及法兰克福学派思维所给予的更精确的界定，将建筑的现代生产视为意识形态予以全面性的批判而提出的最重要的宣言。最终的目标是如同卢卡斯在许多的理论性尤其是美学的著作中所形成的对现代艺术的全面性批判，这些著作吸引着塔夫里，使他将建筑批判以及他以社会批判作为论述的基础能够联结在一起。揭露现代营造语言的意识形态的（亦即制造神话的）条件是一种完完全全政治的举动。提出对建筑进行破坏的主张。基于此理由，从伯鲁乃列斯基到目前为止，塔夫里所组织的历史正当性被视为是神话建构与欺骗的历史，透过这种累犯的机制，隐藏在建筑与都市设计案所提出的解放自由的伟大目标背后的破坏、荒芜与虚无将会显现出来。

如果要探寻当代建筑的发展历程势必得重视否定主义，以及激进的批判的扮演的角色，不论是在美学理论的一般性架构中或是在美学理论被转换成形象艺术与建筑脉络时所进行的特殊的转化。

建筑意识形态的激进批判，一开始出自威尼斯建筑学院，不过随后在欧洲与美国一些致力于建筑职业实践工作的建筑师产生的困惑，建筑师之间针锋相对的挑衅、理论性与批判性论述的生产者身上都可以发现。这种批判出现在刻意重新建构现代史以及批判性计划的生产之中，这些计划纯粹只是纸上的思考，主要的目的只是想证明建筑的不可能性，在海杜克、斯科拉里、超级工作室的成员，以及早期的霍莱因与屈米的绘图中，激发了不可能的建筑、遗迹、空间的荒诞以及概念性的吊诡，同样也是相同的激进心态。也同样有一部分是对真正能建造的可能性以及文化认可的建筑失去信心。

自由主义

相对于批判的激进主义的另一个极端则可以在自由文化中找寻到根源。liberal的字眼在英语系国家与拉丁文化具有不一样的意义。对于英语系国家而言，liberal代表一种比较开放的、进步的政治立场，有时候甚至带有一点激进主义的色彩；对于拉丁文化而言，liberal比较明确地是指受到19世纪自由主义政治学说所影响的主张：个体重于群体；意识形态的包容带有蛮强烈的主观主义的色彩；实用的现实主义与社会主义极度的总体建构或是民主制度之前的古老政体针锋相对。在拉丁文化中，将政治用语liberal应用于哲学立场时代表着某种经验的现实主义与启蒙的途径以探究原则、社会与政治立场——换言之，社会改革者的民主理想的继承者，早在法国大革命之前便坚定不移地捍卫私人财产以及民主的社会组成。只有从liberal在拉丁文化中所具有的意义才能在艺术与建筑创造中看起来好像完全不同的立场上谈论一种文化的新自由主义。

这种自由主义的哲学参照来自于英国的经验主义，以及认为研究逻辑与语言哲学是所有的研究领域的基础的思想家。罗素、波普尔、艾尔，甚至维特根斯坦，这些当代思想比较重要的人物，不论是以科学语言或是以主导道德与情感的语言，都对真理的极限进行严格的分析。他们否定形上学的传统以及黑格尔的历史建构使得他们拒绝以历史的方法作为可以控制现在的一种决定性法则。他们对于人文与社会科学在方法论上的小心谨慎态度使他们的立论建立在可以量化的事实证据的基础之上，而非伟大的一般性主张。基本上，我们发现在美学的自由主义之中，对于前卫派艺术或是比较能提出大胆的构想的实验性团体并没有什么好感。

贡布里希与科林·罗，两个人都与华尔堡学院的知识传统有密切的关系，以及奥尔特加·加赛特、桑塔亚纳、以赛亚·柏林（Isaiah Berlin）与艾略特是自由的美学论述中经常提及的一些人名——这类的论述在20世纪70年甚至80年代，由于现代计划的危机而在重新获得的活力中找到乐趣。结构主义的自主性以及激进的批判与自由派主张的有文化的现实主义并存，虽然彼此之间有某种包容，不过自由派人士在艺术与建筑领域则支持一种新表象性现实主义。只有透过这些主张才有可能理解最近在造型艺术所产生的超级现实主义的趋势（hyperrealist tendency）是不同于抽象表现与表现主义的另类表现。1980年在巴黎蓬皮杜中心举办了一场名为“现实主义”的展览，试图找回学院的图像传统，此传统是分析性的印象派传统的先锋，而且本身以前卫派自居的一些20世纪的艺术家们使得此传统仍然能够存在。

这种现实主义有明确的理论基础。主体与客体之间的关系非常清楚与稳定，并且以模仿的方式在运作。绘画的与雕塑的现实主义毫无疑问地着眼于真实性以及我们如何感知真实性。对真实性的再现来自于对真实性仔细的观察所获得的结果，在青铜量体中或在画布表面上有条不紊的模仿真实性。在建筑上也是一样，自由的现实主义以两种看起来好像不相同的方式却具有相同的知识与再现的概念，获得了最受人瞩目的成就。所谓的后现代建筑师重新运用历史性建筑以及所谓的高技派建筑师倡导真理的主张，两者都对人类主体与真实性之间的沟通充满信心。

在后现代建筑的情况，现实主义的步骤是经由以下的方式而明显地呈现。明显的历史决定论重新运用来自于过去的样式，显示出对于运用这些样式便足以面对未来的可能性充满信心——福山(Frances Fukuyama)在《历史之终结》所主张的自由主义——并且表达了对记号在沟通上的一致性深具信心。从文丘里与约翰逊到克里尔与波菲尔，他们所具有的价值观充满着自由派的思想，使得他们对于如何正确的操纵其他时代的建筑记号充满信心。

文丘里或科林·罗的理论性论述所主张的复合性或拼贴，主要在于巩固既有的记号规则，使这些规则能够在社会沟通的世界中共存，在此世界中没有人可以对某种语言有独自享有的权力。由于他们的包容态度相信大多数的政治经济所产生的效率，他们接受并倡导的推论系统(discursive system)是丰富的、多样化的与多重的，同时是极度透明的、可以解码的、可以传送的以及真实的。

高技派建筑师也同样属于自由派，坚信形式与功能之间以及工程需求与他们所提供的技术性方案之间具有清楚的与可以界定的关联性。福斯特、皮亚诺、维里利奥以及奇佩费尔德都与利奥塔尔在探讨当代文化中的沟通时所发展的非物质沟通的理想相契合。

以量化的方式控制建筑营造计划的需求而产生的一种真实的可能性，形成一种果断的且确定的理想，基于主张建筑可以只是运用适当的技术回应明确界定的需求这种错误的谦虚态度，提供此理想一种高尚的与经济的对应方式。对技术的信心，在形式与功能之间清楚的关系中呈现出来的现实主义、张力与精准、稳固与信任成为建筑的内涵，正如同能够逃避技术性的威力所带来的永久性恐惧的技术人员也会接受的看法。

无时间性的艺术

虚无主义者所造成的现代主义的危机以及企图以沟通的意象与科技的欺骗方式摆脱此危机，在结构主义的自我吸收与自我思考之中并无法获得解决。后结构主义的思想便开始从没有任何的基础与对历史时间加以分解的方式承担思考世界的任务。思想家，例如德勒兹，已经指出可以建构世界观的平台是不存在的，没有这样的平台，不过却有**千层的平台**(mille plateaux)，无止尽的多重性立场，由此可以建造的只是临时性的工程。事物与事件的真实性也不是像连续的线一样在秩序井然的时间连续性中展开。目前我们所要做的并不是从参照过去的经验找出真义，而且我们现在所生产的对于未来的状况也不再具有什么必然的关系。**折痕**的观念，正如德勒兹本人所作的注解，代表空间在后结构主义的情境中是由许多平台、裂痕、折痕、填充、表面以及深度所构成，完全瓦解了我们对空间的经验。我们对时间的经验也同样是一些不连续的事故(discrete occurences)。由于情感的苦楚使我们只能创造一刹那的诠释，我们现在所能找到的临时性的含意。我们的经验并不是在过去与未来形成的连续体中间的现在，如同启蒙时代乐观的人文主义者所宣称的情况。这是一个无时间性的现在，时间性缺乏正当性，正因如此所以是无缘无故的，而且是没有目的性的。

这种近况更强化了康德的观念，主张美学行动的目标在于客体的生产，原先的目的却在生产的行动中枯竭，将客体转换成没有目的的结果。加达马或尧斯的诠释学的思想，提出接纳艺术的经验，成为理解艺术作品含意的关键所在。不同于企图知道艺术生产的结构，他们主张由体验艺术品的人所产生的诠释具有可交换性(interchangeability)。这就像是哥白尼所造成的重大转变，这种想法使得美学客体的来源变成是相对性的，甚至被视为是附带的，与美学客体本身相关的只是能够利用诠释学的解码过程接收或是将美学客体据为己有的人。因此解构无异于科技以及这种诠释学的接纳而产生结果，消除作者以便让接受者有更重要的地位。如果没有办法呈现接收的过程是如何进行的，以及这些被视为是浮动的文本与在时空之外的无根的客体如何能被据为己有的话，这种立场将不具有合法性。

20世纪60年代以来的极少主义艺术经验以及比较没有那么严格而比较能被大众接受的欧洲版本，贫乏的艺术（arte povera），带领我们进入将艺术作品中的意义生产的界线降至最低标准的艺术实验。我们在探讨的并不是像表现主义的主观性或是存在主义令人哀怜的孤寂所产生的表现的问题。极少主义（Minimalism）致力于生产活动、描绘出外在世界的基本资料。诚如克劳斯所言，极少主义的观念是属于现象学的而非形而上学的，所采取的操作方式不是来自于理念而是经验。贾德、塞拉、莫里斯或是艾却瓦格所做的空间装置艺术又重新回到一种听觉感知的瞬间（a synesthetic perceptual moment）重于造型艺术的视网膜特征（the retinal distinction），不过他们并没有打算建立永恒的类型学或是召唤在艺术客体的诠释中可以辨认的深层结构。

这是一种临时性的瞬间，瞬息万变的事件。提案被提升成为一种场所。极少主义的产物所隐含的都市与大都会条件具有的不确定性（indefiniteness）是非常重要的：此种不确定性使得极少主义的产物不可能被纳入都市空间或结构所具有的任何规划的、有组织的构思之中。他们突然出现像是不合时宜的潮流，让人摸不着头脑。这些人造物的目的在于拒绝他们所建立的功能的、语言的或是模仿的正当性。

同样也有一种无时间性的建筑从时代中产生出来，完全不管任何的原则、传统或语言规则。从好的方面来看，这正好代表一种激进的孤寂，从事件的独特性涌现出来的一种毫无理由的状况。我在先前曾提及建筑的弱点，这种弱点与没有能力呈现当代世界与当代文化的条件并不相关。相反地，这种弱点正是当代文化条件的建筑营造的展现。现在我想集中焦点探讨三位当代建筑师的作品：西扎、安藤忠雄、盖里。我相信在这三位建筑师里可以发现他们充分回避当代文化的条件。

正如同在极少主义中的表现一样，西扎作品的空间中所呈现的构造元素既是抽象的也是暂时性的，并没有企图建立一种程序或是让建筑进一步对一些先前存在的建筑营造的文本加以解构。西扎作品的造型所呈现的几何的空间变位、滑动、正交关系的变形以及不完全的锚定是每个时代创造完全新颖的建筑再现。在这位葡萄牙建筑师的作品中最引起人赞叹或惊讶的是每个设计案所呈现的临时性的、新颖的特质。西扎的意图所表现出来难以捉摸的轻率以及将形式约简成为语义的极少主义凸显出所有的符号关系的内涵具有的重要性。

虽然运用完全不同的方式，不过安藤忠雄的作品也同样呈现出这种无时间性的条件。混凝土体量与运用格子控制建筑物向度之间的相互作用与宇宙形而上学的元素，例如康的情形，或是与由柯布西耶模数建筑而来的一种假设的数学普同性都不相关。在安藤忠雄的作品中，生产对每一个设计案而言都是独一无二的。每一次的生产都是各自独立的实验，彼此之间并无关联性。所有的生产大部分都是自我界定的设计，并不服从于任何的脉络关系，也不模仿传统。如果他们会参照地方文化的话，他们之所以这么做是希望能让所有肯定的事物消失，变成空无加以消除。我们必须以身心兼具的方式才能体认其作品的真实性。他的作品所提供给大家的并不是透过再现或甚至透过视觉的外观；而是每个角落与每个瞬间所发生的事件。用先前或后来的关系去说明他的作品是没有什么意义的。

虽然盖里的建筑是来自于不同的途径，不过也同样具有一种无时间性的或非决定性的讯息。盖里的作风如同是一位造型艺术家，尤其是他处理形象的方法。盖里的作品正像作品本身，他的设计案与其他的设计案——不管是不同的、先前的或相容的——并没有什么关联性。这种“装置”建筑，甚至故意强调材料的脆弱以及刻意表现出营造的草率，完全忽视维特鲁威强调的坚固性。盖里的设计作品来自于抽象的造型，无法让人理解必要性的表现，正如同无法告诉我们任何有关建筑师个性的问题。这些作品与强调环境脉络或是自传式的建筑正好处于相对的一端。盖瑞的作品不管在什么时候出现都是无时间性，都是令人无法预期的。每个案子本身都发挥到极致，完全处于任何的规范性意图之外。他的作品无法提供我们任何的方法，也无法肯定任何绝对的真理。

德勒兹在1969年出版的《意义的逻辑》(Logique du sens)对照了时间之神（Chronos）以及马库斯·奥里利厄斯（Marcus

Aurelius）的斯多噶学派哲学所挽救的风神（Aeon）。时间之神是有形的存在，量度着肉体的活动，并且将过去、现在与未来结合在一起。时间之神是规律的、和谐的、无限的运动，由众神之父宙斯提供最后的保证。时间之神代表时间的盈满，相反地对风神而言，时间只是瞬间，没有深度或广度，任何事物都只是表面的浮现而且会变成瞬息万变的事件。风神并不需要任何神提供保证。风神是反复无常的与临时性的，令人无法捉摸。诚如柏拉图所言，风神是不属于哪个地方的。风神是“毫无根据的”、随机的。语言并未求助于风神；语言在风神之中逐渐表露出来。语言的意义是无法预期的。风神的经验是无法译成密码的或是放入胶囊之中的。风神会无时间性地突然出现。像是演员在舞台上所说的故事一样，像是高雅的芭蕾女舞者做出令人无法预期的360°旋转。

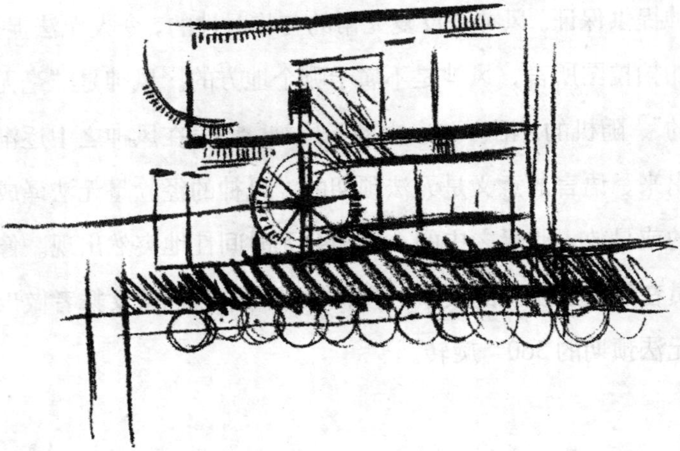

第六章 场所：永恒性或生产

认为空间属于建筑的一个范畴是源自于中欧文化的一种现代的想法，当时正值欧几里德将空间视为是一种连续的、均质的以及稳定的三向度宇宙的决定因素开始出现危机。空间不再被视为是感知的先验领域，虽然康德仍旧在《纯粹理性批判》中这么认为；也无法被视为是不变的基础资料，可以用正交坐标的宽度、深度与高度加以描述。这场危机所造成的结果使得自亚里士多德哲学以及牛顿物理学以来，场所的概念在西方文化所具有的地位也产生了动摇。

爱因斯坦的相对论修正了现代的空间观念，将空间与时间结合在一起成为具有不可分割的关系，使得物质世界变成是由时空所形成的一种永久性的无常。很快地，在艺术与建筑也产生了类比的现象：至少自立体派以来，空间与时间就变成两个总是互相纠结在一起的变数。在生命科学中也同样如此，庞加莱建立了感知的可变性（deformability），因此，就主体的观点而言，继续想象一种宇宙让观察者的感知能力能够或甚至应该与之产生对应的关系已经不再具有意义了。在一开始出现生态学学科的同时，岳克斯库尔主张的**环境**（Umwelt）理论破坏了生物空间的稳定性，证明了植物与动物的生命并不是在广阔无边的领域中发展，而是在个体以及受环境所决定的空间之间成长，正因为如此才使得不同物种的个体以及所生长的环境会有所差别。

对建筑而言，空间观念与现代主义的发展息息相关。将建筑视为后欧几里德空间的生产，此种理念与现代的物理、生物以及心理学所提供的无限的可能性有相同的想法，正好也与先前所论及的科学发展有相对应的关系。希尔登布兰德利用近距离与远距离的视线对艺术作品会产生不同的经验确认了艺术空间的相对性。因此，空间的感知会决定视觉经验的性质。希尔登布兰德的论证后来由施马索与里格尔继续发展，推翻了桑佩尔以材料条件为基础对艺术的源起所作的解释。施马索提出的**空间知觉**（Raumgefuhl）的观念主张感知的瞬间不应该被约简成纯粹只是量化的、物质的资料。运动、视线以及触觉结合在一起形成一种全面性的情感经验，也就是说，例如，一件建筑作品的真实性是无法与人的感知以及人的活动机制区分开来的。里格尔接着发展出**艺术意志**（Kunstwollen）的概念，认为艺术作品的价值并非取决于技术的或地理的条件，或是如桑佩尔主张由材料所决定的想法，而是意志的产物——主体希望表达的一种世界观，并非透过象征符号或意象而是崭新的与不断变化的空间经验加以呈现。

这种建筑营造的空间观念广为前卫派文化与评论所接受，从贝内到吉提翁，从赖特到密斯，从毕加索到杜尚。他们所提出的一些空间的创新对于因为古典主义的危机而诞生的新艺术而言是非常重要的。空间不再被视为是一种起始的资料，一种先验的起点，建筑师的作品可以由此开始发展；相反地，空间本身是来自于一种建筑营造提案而产生的结果。建筑师能够创造的空间与无限的时空经验变成是建筑创造最后的客体，这些客体并不是原因，而是在完全由相对性所构成的新观点的宇宙中——不仅只是物理数学的，同时也是生物的、心理的以及哲学的——产生的结果。

这种空间的创造性主要是以心理的方式自我呈现。近距离与远距离的视线、触觉以及身体的移动建立了空间经验的条件，在这种的方式下，新空间的生产与人类主体的感知机制的开拓有着不可分的关系。在同样的方式下，一些视觉艺术的风潮拓展了极端的感知条件以便能得到新的美学效果——以超现实主义的方式运用药物刺激的人工方法达到不必睡觉的状况，或是由杜尚所带头做出来的一些物质上的视觉经验——同样地，建筑也利用开拓所有心理方面的途径找寻通往空间创新的道路。

不过这条看起来似乎是宽广的道路却产生了一个极大的转弯：**新客观主义**(Neue Sachlichkeit)与功能主义的技术使得这条道路转变成为一条心理学经验主义的小径。对这些建筑师而言，人类的感知、经验与需求可以完全整理出来。在第二次世界大战之后的年代所反映的文化环境证实了这种发展方向的大转变，将空间视为是以个体的心理刺激作为基础的一种生产的空间观念，经过长时间发展仍只能转向经验的资料以得到初步的合法性，转向经验的资料。心理学经验主义——最重要的代表是完形心理学的发展——取代了胡塞尔式的现象学。因此，场所观念取代了**空间**观念。

新的建筑感性自我显示出来，批判截至当时仍存在的空间观念所具有的抽象特性，更概括性地说，也就是早期现代主义提倡的空间经验中所具有的机械的性质以及完全是经由创造而来的根源。相对于这种抽象性，存在主义提出了实践胡塞尔的金玉良言：回归物自身。建筑应该与明确的时空中的每个情境所具有的独特具体的条件产生关联性。建筑的任务是建造生活的场所。因此没有所谓普同性的本质，只有独特的与具体的历史性的存在，也没有任何空间可以运用一般性的特性加以创造。相反地，建筑应该中断天地之间无止尽的地平线，创造出真正能够以特殊的与本质的方式界定场所特质。这些品质的向度是极其重要的。建筑便是将这些物质结合起来，使之呈现出来，变得更为扎实并且清楚明确。如果人是词汇的管理人的话，事物的意义由词汇而得以涌现，那么建筑具有的明确的目的便在于：将场所的既有条件转换成能够表达存在物质含意的词汇，揭露每个场所潜在的丰富性与内涵。这项工作无法从一般性的原则着手也没有办法从无中生有的创新中出发；而是从天地之间、阳光与身影，以及基地的意象与历史中涌现。建筑的工作变成只是一种耐心的体认、花心思的播种耕作，只能期待手中握着种子的人能让种子成长并且结果。

存在主义在20世纪50年代进入欧洲与美国的建筑之中所产生的转变，其剧烈程度是我们仍无法理解的。一些难以理解的世代的转变，往往被人视为好像是具有连续性的关系：首先是阿尔托，接着是北欧的经验主义、第十小组的新存在主义以及意大利历史决定论。每一种转变都代表着历史、结构复合性、环境主义以及重视独特的特质打败了笼统的宣言与一般性的主张。此外，每个环境都强调建筑如同工艺一样，是一种生产的工业活动，必须与场所精神——历史、神话、象征主义以及场所的含意——紧密结合在一起。对建筑运动造成极大影响的另一个发展方向包括马歇尔与穆尼耶主张的个人主义、雅斯培的精神考古主义（mental archaeologism）、梅洛-庞蒂的语言唯我论

(Solipsism of language)以及感知心理学的研究。这些想法代表着这一代的思想觉醒，对于伟大的理想、一般性的原则、未来或是任何种类的进步，已经完全失去信心，所倡导的是一种个人所坚信的哲学。

存在主义广为流传，尤其是海德格尔与梅洛-庞蒂深具影响力的思想，利用一开始看似平淡无奇的概念的转变，不过在20世纪五六十年代却造成建筑营造文化重大的改变，使得现代运动的理念产生了剧烈的变化。建筑史学家与评论家诺伯格-舒尔茨非常清楚地指出这种状况的特征。从他最早期的著作，1963年出版的《建筑中的意图》到他最著名的著作，1979年出版的《场所的精神》，诺伯格-舒尔茨的论述主要以海德格尔的思想作为立论基础。他将建筑视为是能够表达场所的一种活动。场所需要加以辨识、界定与建立范围。场所精神很显然是在一处独特基地所具有的一种具有象征意义的神性、秘密的守护神，建筑应该要予以彰显、宣告、探究与留意。地理与历史在建筑场所中结合在一起明确地界定空间与时间。场所的观念与一种连续性的建筑过程概念相契合。建筑的使命在于发掘早已存在的事物，如同是一种永恒的背景能让建筑阐明根源、要旨以及不变的常数。

使历史样式变得毫无价值是战后的存在主义危机所造成的最庸俗的结果。不过，在欧洲与美国仍存在着真正想重返由时间与历史决定语言的一种想法，希望能直接保存城市的文化、模仿过去，尤其是对场所精神的重新发扬、保护与追忆。场所的观念成为一种重要的议题，并且在个人的思维中扮演关键性的角色，不过所产生的影响却是因人而异，例如在罗西与文丘里身上可以看出其中的差异。罗西所建立的理论将建筑视为是与原形(archytpes)具有连续性的关系；原型代表着永恒不变的形式，构成了具有一致性的认同，使得表面的改变成为无关宏旨。城市建筑，以结构主义的用语来说，是对历史的永恒性的一项清楚的证明。面对不可避免的解释学的任务，在展开阅读历史交付的文本之前，建筑师必须辨认出形态的与类型的分析以构成场所的基础。对于文丘里而言，文脉主义(contextualism)同样也只是对所强调的事物稍微有些改变而已，而且内容冗长的古典主义（包括大众化的、有教养的、高雅的，或是本土的版本）之所以能够幸存，就语言学的观点而言，正好说明了建筑的主要条件是对已经撰写的文字进行一番内省的深思。

不过目前的文脉已经产生了重大的转变。我们处于一个媒体的文化文脉之中，距离被约简成为几乎是瞬间的一个点，而且运用各种机制所完成的影像的再生产意味着一个影像已经不再与任何的固定场所联结在一起而是飘浮着，并未附着在任何东西之上，跨越星球的长度与宽度。然而这种无所不在的社会，这种地球村，衍生出同时存在、多重在场(multiple presence)以及不断产生新刺激的经验，同时也产生了内心深度的疏远感。诚如克里斯特瓦所言，我们是自己领土内的陌生人，说明了现代的世界观所存在的矛盾：驱逐与放逐同时存在。我们的艺术与文学一次又一次地重返当代个人所具有的孤独与孤立的经验。尼采对最近的哲学重新产生影响——由海德格尔晚年的论述首先带头——再度显示出当代文化是在否定的与虚无主义的哲学中确认自我的存在。

解构主义（deconstructivism）的现象更加清楚地说明了上述的事实。一开始好像是由美国的评论家所想出来的一个标签，被用来代表建筑中的一些共同的经验，与以德里达以及耶鲁文学批评学派为中心的文字评论的解构，只能说是具有隐喻上的关联性。威格利在1988年纽约现代艺术馆举办的《解构建筑》展览的介绍文章中区分两者之间的差异。他认为建筑的解构版本比较接近现代传统，特别是对前苏联构成主义的重新思考。所谓的解构建筑、分解、变形与暧昧性具有共同的价值观。这些手法代表对结构主义的秩序、枯竭的原型以及在空间以及历史意识中重要的连续性价值观所采取的一种反抗。这些解构建筑同时回应地球村所造成的疏远的文脉以及渗透到文化情势中的破坏性与负面的力量，在这种文化情势之下，只有透过私人所表现的反抗与个人主义才有可能忍受没有原则存在日益严重的事实。明显的形式主义虽然主宰着这种情势，不过20世纪80年代末期产生的重要的建筑营造现象则表达出文化的空虚与虚无主义胜过自我吸收的美学主义。这种有些空洞的形式主义意味着荒废、混乱、决裂的经验、不停的滑动或是事物的解体，这些都是对空无的隐喻，空无让人可以与当代政治、宗教、公共与私人领域的消失与破灭联想在一起。

布伦贝格、卡恰里、特里亚斯的著作以及布尔特曼的信徒打破神话的神学，对我们当代的文脉提供了第二种回应方式。不仅仅是上帝之死，而且由于上帝的消失所产生的真空创造了一种无法逃避的漩涡、吞噬了集体的承诺与道德的推理、破坏了建筑企图重建攸关人类栖居的本质方面的想法，以及对场所深层意义的关注。近年来的建筑并不想提供可以让人停下来与获得平静的场所或栖居之所。所留存的记忆如同是考古的记忆，只是部分被挖掘出来的一些不连续的片段，充满着令人质疑与怀疑的问题远超过让人感到愉快的呈现。

人类学家德蒂恩内便挑战场所理论的设定。透过广泛的调查，涵盖许多不同时期的文化，德提恩内对于海德格尔主张能够找到组织空间与记忆的一些固定点的存在（并且认为是必要的先决条件）所抱持的信心加以质疑：“什么是场所呢？场所能叫得出名字吗？场所是固定的吗？栖居的意义为何？栖居、秩序、建造，构成了一种连续的关系吗？有些场所好像是在讲述些什么，有些则好像是记号一样，场所就像是需要人喂的嘴，也像需要被填饱的肚子一样。场所仍有许多的想象空间……首先要做的就是踏出第一步；去开始、去开创、去建立。”场所的观念似乎与时间的观念密不可分。历史文化的基地一直不断地挑战时间：纪念物累积记忆以对抗遗忘，一直唤起人们对开创的个人、行动或机构的记忆。场所如同根基一样，深藏在地表下方，使得文化能够找到本身的认同，以对抗时间的消逝，利用仪式与神话企图让时间停下来。反映文化的建筑变成是代表根基、记忆与永恒性的这些仪式的一部分。

不过同样也存在着一种事件的文化：处于流动性与分解的瞬间，朝向混沌的状态发展，产生瞬间的能量，使得一些混沌的元素——从现在至未来——在多重的真实性中建构新的折痕。在折痕本身又有许多折痕，代表着**任何的**折痕都可以归结到一个折痕上。事件是一种振动（Vibration），正如德勒兹在撰文称赞怀特海的思想时所言，一种元素的波动能够让随之而来的发展更进一步延伸，如同光波或声波一样，在空气中形成一种和谐的系统能够维持一段时间才消失。不过事件同样也是一个交汇点、一种同时发生的状况，没有尽头的各种路线互相交在一起创造出充满着剧烈性变化的交点。最后，事件成为一种想抓住一些东西的结果，在事件产生的混乱的变动过程中，介入其中的主体试图让最吸引人的或最具煽动的瞬间停下来以便能抓住这些瞬间，这是一种主观的行动，制造出短暂的愉悦与脆弱的整体。虽然事件总是在没有意义的混乱中产生，不过这种令人愉快的瞬间——有时是意外的，有时是知性所希望的——成为在不停流动的过程中一段非凡的刹那，在一直变迁的情境中一个和谐的、对位的和弦。

德勒兹思想所产生的理念：以建筑表达事件。在一个不停地使用影像的世界里，在一个不断膨胀的大都会文化里，在建筑物只不过是我们周遭无数的象征性的与教育性的栖居之中的一小部分所构成的世界里，尽管如此，建筑营造的事件仍然存在。此种事件正如同一种延伸的和弦，就像是在通讯过程中达到最活跃的阶段时所呈现的一种强度，由建筑师在一团混乱的大都会之中制造出和谐的瞬间所得到的乐趣而形成的一种主观的理解。

利奥塔尔对于属于现代美学的崇高观念与属于古典文化的美的观念之间存在的对立关系提供了敏锐的解释。康德曾在《判断力批判》中探究此种对立关系，在利奥塔尔看来，此意味着以道德提升作为最终目标的亚里士多德美学与试图抓住最精彩的瞬间为唯一目标的另一种美学经验之间存在的冲突。在古典文化之中，美与世界秩序的卓越以及对事物真理的理解联结在一起，对亚里士多德以后的西方形而上学而言，真善美三者交织在一起无法区分。然而在现代自伯克与康德之后，崇高成为美学经验的另一种形式，也就是纯粹的事件：新奇的事物，甚至只是一刹那的，发挥想像力创造出一个对等的世界(Zwischenwelt)，如同克利所言。从冲突的与变动的现代世界所具有的不确定性之中，艺术开启了表达视觉、听觉或情感强度的空间，希望产生一种震惊、没有任何参照的经验，并且断绝与模仿自然的关系。只有来自于震惊的这种强度能够为前卫派艺术作品的潜力提供保证。纯粹的事件成为经过刻意安排而产生的结果。

目前的建筑所形成的场所无法再重现，由维特鲁威所主张的坚固性（firmitas）而产生的永恒性、耐久性、稳定性以及足以对抗时间消逝所达到的效果，目前已经不合时宜。场所理念希望能够发展与维护场所精神的精华，这种想法在不可知论(agnosticism)的时代里已经无法取信于人了。

这些错觉的丧失并不一定就会造成负面的虚无主义的建筑。在各种不同的基地上，场所的生产仍旧是有可能的，不再是揭露存在于永恒性之中的某些东西，而是一种事件的生产。问题不在于生产一种昙花一现的、瞬息万变的、脆弱的以及转瞬即逝的建筑。这些趋势企图保证的是从现在的能量汇集之中所产生出来的场所的价值，这些能量源自于能够促使强烈的、具有生产力的震惊得以产生的一些机制。当代的场所必须成为一种十字路口，当代的建筑师必须具有能够掌握此种十字路口的能力。场所不是一种基础，仍旧相信某些意象；也不是地志学或是考古的记忆所具有的力量。场所比较像是一种揣测的根基，一种当下的仪式，能够在大都会文化中所呈现的普通的混乱之中掌握特殊的强度的重点所在。

HERZOG & de MEURON.

第七章
差异与界线：
当代建筑中的个人主义

一些价值观，例如理智、
广泛地散播的缘故，已经变
已，所具有的含意非常令人
固。吊诡的是，普及与消费
观的内容，虽然由于文化
现在如果要诊断当前的情
机。病情已经非常明显：
的价值系统能够被完全认
可以作为实践活动的基础
——例如艺术与建筑的生产
——在特定的文明中，使主
导的理念能够具体呈现。

然而艺术与建筑仍不断地被
生产。虽然激进的评论家主张当代
人企图想要透过艺术或建筑的方式重
新厘清社会价值观将注定失败，不过我
都不以为然。本文的目的在于探讨充满含意

的艺术作品如何能在这个危机的时代中被创造出来。换言之，我的意图是分析一些最近的建筑作品，特别是努力想建造的并不是一栋建筑物而是建构一种**意义**，足以反映当前情境的不安定性：价值观的分歧以及缺乏无可动摇的与根本的参照对象。

尼采使得启蒙时代提出的稳固的确定性的想法遭受破坏，在这种想法之下，主体与世界之间的关系曾经是畅通的、稳定的并且具有建设性的。不论是支持19世纪科学与科技革命的实证主义与客观主义的科学家们，或是黑格尔主张主体以辩证的方式成长会将客观世界吸收进入不断朝向绝对精神的目标迈进的过程之中，两者在宣称源自希腊基督教文化的没落时都无法让人信服。世界是意志与表象——借用叔本华的说法——并且主体也不再是先验的；而是变成被丢进存在主义思想世界之中的一种经验的存有物(an empirical being)。

在20世纪末期，由于对科学与科技的进步所具有的信心以及对主体的价值观都已经遭到破坏，艺术与建筑目前正建立在破坏后荒芜状态所能提供的不安定的基础之上。信心与价值观的转换正好合乎经验的主张，以及经验主体的前提，也为总体性的沦丧作了最敏感的见证；在脆弱的信心与价值观的条件下，只能传送相对的、部分的、单独的内容。对于当下最敏感的建筑不再是一种公共的设计案：可以传达理性、进步以及对都市地景的集体解放，而是以谦虚的方式存在的一些独特的论述：在大庭广众下发表应该只能被当作是属于私人的经验。随着重大建设计划与公共工程系统的没落，私人的经验提供了最后的机会以建立一种弱势的但却不错的可靠性。

这些前提提供了我准备分析最近的建筑营造经验中两种著名的类型的基础所在。两者虽然有极大的差别，不过都与先前所提及的危机有关，而且只能将其理解为是针对当代情境而产生的一些个别的回应方式。尽管这两种途径都同样具有个人主义的色彩，不过表达的方式却有极大的分野。

现代运动的理论基础的在于导致了一种急于寻找过去事物的热切，正如普鲁斯特的《追忆逝水年华》。在过去的许多年间，一些开业建筑师尝试对各种描述进行历史探究的衍生，希望能重新建立一些客观的、超历史的法则，让这些类型与模型能够成为理解准备要兴建工程的场所以及新建工程可以参考的形式的基础。形态学与类型学似乎成为重新发现的理论的关键所在，能够让建筑的实践避免恣意的与愚蠢的行为。从我们建造此种基础的经验已经显示出所能达到的效果并不如预期那么理想。这是我们可以理解的事，诚如哲学家莫瑞所说的一种更深的心理诊断形式，我们可以理解相当不一样的含意，使我们从客观的转向主观的考量因素。

在一开始，正如后结构主义出现在其他的文化领域一样，利用将主体置于具有无比影响力的过去时代之前所产生的幻象(phantasmagorias)，以此作为基础重新组合整个建筑历史。传统的史料只有以有机的演化论的观点，透过经常是更重要的转变而产生的一种永无止尽的过程，才能够理解这种时间的变化，我在此运用幻象这个术语是依据古典的心理学的精确定义：幻象是由于不安或期待的不确定状态而以综合的方式产生比喻的投射，同样地，这些建筑营造的类型与模型也以综合的方式产生过去时代的各种不同的参照。这种以普鲁斯特式的方法探究建筑的过去时代面对已经丧失的文化情境以及历史性的所有经验好像是一种包覆的真实性将主体纳入一个更广大与更客观的真实性之中的状况，能够感到比较自在一些。

在其最笨拙与陈腐的造型中，这种对过去的探究立刻沦为保守的历史主义，在建筑上成为大家所熟知的后现代。在比较高明的表现方式中，这种对过去的探究很清楚且积极地反对后现代的滥情与商业性，整个状况变成我所说的重复与差异的建筑。

我们不必讶异在哲学领域中，重复与差异的问题一直是当代思想家所关注的范围。从海德格尔到德里达，从加达马到哈伯马斯、勒文纳、瓦蒂莫或德勒兹，重复与差异所涉及的问题与主体的问题以及现代思想能否直接建立存有基础密切相关。

最近的建筑中出现的重复与差异的问题所代表的意义，难道不正是在质疑新的建筑作品真的能在面临这两种对立观点的抉择时产生吗？

在建构的行动中，将本身视为是偶发事故、并非必要的事，然而同时又是所期望的事，当代建筑师在自己的孤独中独自面对历史。两者之间的会面并不是有很清楚的来龙去脉的关系，或是轻而易举的有样学样的关系，而是在建筑的幻象之前的一种单独发生的约会。在分析一个独特的场所时，建筑师会遇到在个人记忆中的线索所产生的拟像（Simulacrum）——透过完全是自传式的轶闻联想——以此种线索作为基础，使得建筑师可以建立摒除**重复**的**差异**。或是如同德勒兹所言，建筑师会将柏拉图主义颠倒过来；也就是说，将会否定原作的重要性胜过原作意象的相似性。

罗西、格雷夫斯、莫内奥、博塔等人非常高明的作品是一些具有价值的当代建筑，这些作品不应该再被理解为是对历史以及深层结构的运用——如同重复，应该是面对建筑文化的当代条件与建筑从过去以来的历史性及现代传统之间存在着无法沟通的距离而提出的机制——如同差异。我们必须承认，能够强调出这种类型的作品的机制——重复与差异——完全是在主体中开始与结束的一种操作而产生的结果。这种结果复制了在主体本身记忆中的一种形而上的意象，沉浸在所有的历史教训已遭到摒弃，只剩下取代历史的个人才华能够为建筑师提供保证而产生焦虑不安的孤寂之中。

近年来，欧洲的贫乏的艺术（arte povera）已经成为视觉艺术的一种媒介，借此传达出一种讯息：诗意的贫乏正好一再反映出客体的一些残渣被当做是艺术与日常生活的原形。由重复与差异而产生的建筑也是如此，试图针对建筑史中的一些时代重新加以开发，并且引发样式的想象。这种方式并不是历史主义的想法，也不是单纯想让元素具有意义而已。这是一项用心良苦的行动，让主体能够建立强烈的差异感受，让现在与任何的过去之间产生现代的距离，同时也是对重复而精心构想出来的比喻，因为重复试图找寻建筑营造本质中的一种不可能的永恒世界。

与这种看法并行发展的另一种不同的诗意，是从介于不可能与必须如此之间的主题所产生的紧张关系而形成的：就是哲学家特里亚斯所描述的极限逻辑。

足以界定现代艺术品的特征所提供的一种调解的过程，只要在作品本身中能达到综合的条件：形式与理念变成是相辅相成的关系，如同艺术品，同时想找寻足以代表理念的具体的客体以及敏锐的表达；这种调解的过程便能产生作用。这是黑格尔式的逻辑，使得艺术朝向本身的谷底，在设计、广告、流行或建筑之中走向本身的死亡。建筑，一开始是象征性艺术，在现代性中由于必须疏远自己的情况下已经死亡了，在一种集体的理性之中，建筑之终结的客观经验是黑格尔辩证法中所不可或缺的。这种经验出现在晚期的资本主义中的客观的流行里，建筑被淡化成为投机的发展、宣传的技术或是国家的争论。然而我们并无法肯定这种情况可以产生新的过程以重新建立建筑，如同行为与感知的基本资料中产生焕然一新的经验。

正如同以主观的方式想重新将建筑的基础建立在建筑的历史结构之上的想法一直存在着，另外一股希望将新的基础建立在经验的基本资料之上的运动也同时存在。

极少主义与贫乏的艺术之间的差别在于前者是从基本的联觉经验（几何、颜色、空间）出发，后者则是以先前所提及的方式重新发展既有的图像，尤其是透过由记忆所累积的历史与经验的理解有关的操作程序。艺术的极少主义具有重新建立视觉艺术基础的一股野心，具有明显的企图心：退回到界线的范围，所运用的方法是将美学以及具有意义的经验带到无关宏旨的以及一目了然的边界。美学含意的零定位(degree zero)经常变成是一种约简的态度，主要是以抽象表现以及开启含意的裂缝作为基础，透过一些不重要的举止、动作或事件呈现出主体无法完全消除界线，亦即无法从所受到的束缚中脱身。

界线是由具有强大力量与组织的一种制度化的中心，以及一种周边之间形成尖锋相对的一个场所，一旦消失之后便成为无人控制的与空洞的处女地。希望把界线当做工具的一批人以及界线在不确定的状况下消失，两者之间存在的紧张关系使得界线能够存在。极少主义是在深思熟虑的方式下而产生的界线的经验。非常清楚地知道身处界线之内，刻意想与中心保持距离并且努力想让界线在从未被开垦过的领域中消失。这种界线是一种主观的经验。并没有永久固定不变的界线。界线随时都可能涌现，只要个人的经验产生时便可能发生，当个人经验朝向界线时便可能危及个人本身的认同，界线并不具有能够发展成通则的计划。界线并不是对社会或城市的技术性需求所产生的一种回应。界线无法提供预期，没有未来的远景。

正如同有一派极少主义艺术便是以本身与界线的近似的关系清楚地自我界定，同样也有一种建筑表现试图在几何的与空间的形式中追求零定位冒险行动。在赫尔佐戈-德梅隆的简洁作品中，在索多·德·姆拉或巴尔德威格的极少主义中，在加尔斯与索利亚经过控制的姿势表达中，在韦内齐亚或科洛瓦表现出严格的纪念性中，我们发现一种想要摆脱现代的效率以及后现代的历史记忆而重新建立建筑基础的企图心。

在这些建筑师的许多作品之中所具有的含意既不是文脉也不是营造性，既非场所感也非与过去的建筑有关的类型的或比喻的参照，并不是透过这种相似性的关系而自我肯定。他们的建筑让人觉得比较直接，可以透过联觉的方式去加以感受。

同样地，弗莱文或贾德的作品也是没有参照的（至少就其产生意义的过程而言），这些建筑物同样能够透过体量与材料所呈现的纯粹的物质性，在一开始的瞬间内，很清楚地呈现出来。更进一步的意义来自于这些材料的结构所呈现的张力，其中包含有一些振动、一些微不足道的表达、一种几乎是偶然的变形、一些几何的断裂。简言之，由经验可得知形式无法被约简成一个原点而且意义并不存于虚无之中，当面对一种极限的空间、一种极简的形貌时，意义反而会变得更为强烈。

这种往下朝向基础（或令人感到眩晕的接近界线）是一种个人的经验，包含了主体本身的冒险而且一旦有人试图要大力推广或加以商业化时，此种经验一下子就会消失。在当代的危机中，处在界线边缘的建筑是最脆弱的并且也是一条最稳当的途径，能让我们接触到深刻的美学经验，亦即建筑的技术性(technē)与诗意（poiēsis)。

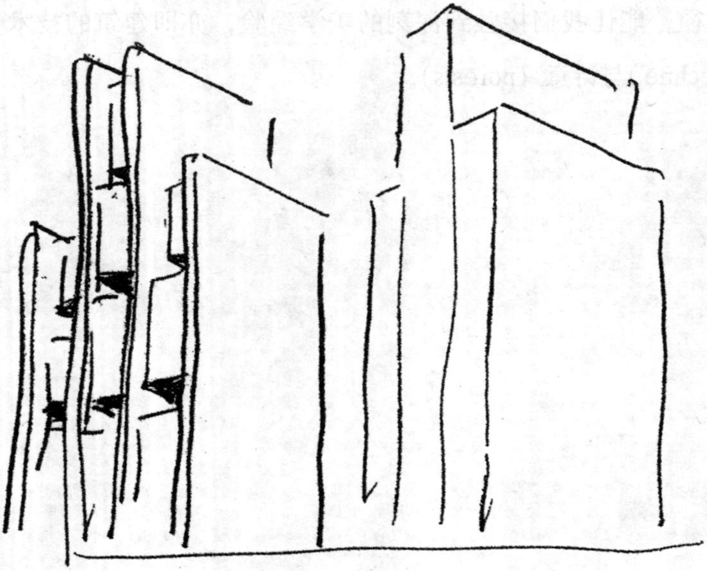

第八章

高技派：功能主义或修辞

乍看之下，近年来以高技派著称的建筑相较于后现代古典主义的穷途末路以及所谓的解构建筑的实验主义而言，已经发展成为非常“严重的”另类选择。由于所有的这些用语都是由一些流行的评论趋势所想出来的，当然也就不是那么明确。如果我们能更深入探究事实的真相的话，将可以发现在当前情势中存在的混淆不清与动荡不安，那些因为具有明显的高技派特征的建筑逐渐地不只能被专业人士同时也广受大众所接受并获得推崇。

强调科技与建筑的关系并不是什么新鲜的事；主张新科技可以使当代建筑成为具有特色的产品也一样不是什么新鲜的事。相反地，其中倒是有一种真正的新事物的传统，正如罗森伯格所言，建筑中的创新反映出受技术创新的影响。从桑佩尔所主张的进步思维(progressive thinking)到维奥莱-勒-杜克,科技与建筑之间的关系一直扮演愈来愈重要的角色。在放弃了样式的论述之后，现代时期的建筑所具有的特色是能够充分利用相同的现代性之中的特殊成就：当前的科学与科技的创新。新科技与新建筑的关系甚至包括了与前卫建筑相关的一些根本的资料，这些根本的资料对新建筑而言提供了虽然极为分歧的，但都具有重大影响的图像表现主题。

现代运动的这种传统似乎奠基在以下的概念模型之上：新科技成为新建筑的起点。一连串的技术创新刺激一连串在建筑中所产生的创新。所谓的高科技发展便成为高技派建筑的源头。不过在现代计划的危机所呈现的整体状况之中——对创新与进步失去信心——一股建筑趋势仍然对现代计划充满信心是非常特殊的一件事。

另一方面，如果现在正受到一些思想家（例如瓦蒂莫、德勒兹以及布希黎）所质疑的现代主义的启蒙时代的源头是科学——亦即；人与社会的理性进步——所能带来的科技创新；同时如果科学创新又是产生建筑进步的主要力量的话，那么我们可以得到的结论是：高技派建筑的目标是要将已经在西方文化文脉中发展了两个世纪之久的现代计划——乐观主义的、科学的以及好像是理性的信念——加以现代化。不过科技、进步与建筑之间的关系自始至终都不像他们乍看之下那么单纯。

柯布西耶在1923年出版的《走向新建筑》被科林斯在1965年视为是“20世纪建筑中最具有影响力的一本书”。诚如大家所知，这是有关现代建筑的理想的一本宣言，事实上，是将柯布西耶于1920～1921年间在《新精神》杂志发表的一系列文章收集成册。在整本书的七个章节中，柯布西耶针对新科技的议题进行复合性的思考，成为本书主要的立论中心。柯布西耶在书中的三个主要部分，“对建筑的三项提醒”、“视而未见的眼睛”以及“建筑”，针对新建筑提出全面性的与科技的论述。

“对建筑师的三项提醒”的三个章节探讨工程与建筑之间的对垒。相较于现代的工程完全屈从于经济与计算，建筑则代表纯粹的精神生产。建筑所建立的形式与关系有别于工程的严格形式，对于工程的创新由科学与科技所决定加以肯定。相较之下，建筑可以学习工程师的工作方式以达到创新的可能性，必须让建筑本身扮演不同的角色：成为绝对的表现。分析柯布西耶的立场，可以发现他对于前卫派的唯物论，尤其是前苏联构成主义与生产主义以及德国新客观主义(Neue Sachichkeit)所支持的激进的科技主义，保持着谨慎小心的反应。一开始主张现代工程必须成为新建筑的指导原则的一本小册子变成是在认同与差异，工程与建筑之间的一种辩证的关系。

在“视而未见的眼睛”的一些章节里，清楚地主张新建筑必须遵循工程的引导，学习伟大的机器、结构与生产线的设计与程序。轮船、飞机、汽车、涡轮机、谷仓以及机械化家具都在《走向新建筑》的书中出现，成为现代文明的图像。不过在“罗马的启示”、“平面的动态性”以及“建筑”的章节中则又将建筑定义为纯粹的精神创造。我们应该如何理解在柯布西耶的论述中这种一再出现的辩证关系呢?

我们或许可以说对于萨伏伊别墅的建筑师而言，建筑具有一种居中调解的功能：亦即，一种意义的操作过程可以让新的科技世界融入建筑营造的表现，虽然并不具有此种表现所秉持的终极目标，我们必须牢记在我们所分析的论述中，建筑并不是科技、也不是工程，同样也不是历史的造型。

自始至终，建筑是文化在每个瞬间所呈现的技术、意象与概观之间的协调者，亦即柯布西耶所谓的宇宙的秩序。建筑终极目标是能成为技术与美学之间的协调者。虽然建筑所呈现出来的是客体中实际的、具有生产力的以及特殊的面向，不过建筑扮演协调者的角色则在论述、表现与讯息的面向上发挥作用。

建筑的目标并不只是忠实的呈现功能或技术，而是呈现动人的表现，具有说服力的表达。足以令人相信的说明，使得在技术中所能发现的普同性的讯息能为人所接受。动人的、具有说服力的、足以令人相信的表现成为修辞的艺术，亦即有效地传递讯息的创造性活动所追求的目标。建筑扮演协调者的角色便具有修辞的功能，能够发挥沟通与辩才的艺术。

对建筑具有这种协调功能的理解可以得知建筑所具有的根本目标。我们所分析的这本书的最后一个章节“建筑或革命”，乍看之下让人觉得格格不入的感觉。如果我们不能理解柯布西耶在此所提出的二分法的议题，可能会误以为这样的结尾缺乏连贯性的考量。革命并不一定是由大众的力量造成社会不安或暴力的改变，同样地，来自于技术与科学革命的力量也会造成不安全感、恐惧、混乱与威胁，如果这股力量无法被导入正轨，这股盲目的力量没有获得调解的话。

建筑与革命的两难局面是柯布西耶在整本书中所歌颂的乐观主义所产生的结果，在这种乐观主义之下，科学的与技术的转变不会被视为是令人畏惧的缺乏人性、危及个人与社会生活，而是造福人类的成果，透过建筑扮演协调者的角色足以统合主体与环境。

艺术、理论以及评论在战争期间的岁月里，都对新科技、大量生产以及日益增加的各种有关生命过程的自动化发展抱持怀疑与恐惧的态度。从当时的文学、电影或哲学中便可以发现与机械以及技术的世界相关的议题不断地出现成为创作与思考的重心。在威尔斯、奥威尔以及赫胥黎的著作中，对未来具有天启的观点被当做是依据现代大都会的社会与个人生活中技术不断进步的过程中唯一被理解的暂停方式。即使是歌颂技术文明的新人类的那些人，例如云格，也发现想要全面掌握由工作与战争的新情势所引发的深层情感的不稳定性是不可能的事。

所必须要做的事是去找寻一些过去仍未存在的事件，以便能让新的力量不会变成一种威胁而能成为个人与集体成长的一种工具。这正是海德格尔在面对技术的问题时所主张的想法，关于此问题的探讨在第二次世界大战前后成为他的主要思考议题。海德格尔认为：操作与存有，技术与诗意之间的历史断裂是现代人与现代社会最严重的疾病。这种病的治疗方式在于艺术：在于建造、栖居与思考。

当西梅尔、拉特诺、马丁·瓦格纳、贝伦斯、吉提翁以及恩斯特都宣称20世纪的技术化世界是不可避免的趋势时，艺术家与知识分子心中的害怕与恐惧并未减少，虽然是在知性的与艺术的前卫思想所主张的乐观主义的笼罩之下，独身的超现实机器、对泰勒主义给予荒诞的卓别林式的讽刺、建筑营造的表现主义纷纷出现以对抗工业社会的恐惧，提供了一些证据显示出在每个地方对新科技与进步之间的关系所获得的体验并不是那么一致的与自然的。

即使是柯布西耶也无法把这种关系看成是代表进步的一种清楚的记号，相反的，柯布西耶认为需要经过调整的过程，也就是说，需要将必须在建筑中找寻的新科技与社会秩序之间的关系可能产生的错误加以去除；因此必须要利用特殊的艺术操作方式去面对新的科技与社会所处的情境。换言之，所需要的是修辞(rhetoric)，我所指的修辞是：一种对语言的创造具有正面的与适当的贡献以及拒绝接受未经过调整的有关真实性的解释。

在1962年，科洪在《建筑设计》杂志所发表的文章中，区分了现代建筑中技术层面所具有的直接表现与象征表现。这种区分方式类似于科林·罗以及斯卢茨基在他们1956所发表的著名文章，《透明性：直接的与现象的》，试图在直接的透明性与现象的透明性之间建立绝对的分野。在这两篇文章中，所探讨的主题是来自于现代建筑所产生的不同问题——科技或透明性，作者对于立即的、明显的、意义以及只能经由意义机制才能理解的意义加以区分。他们比对了直接意义的立即性与需要经过整个语言系统的调整，透过语言系统的运作，一些修辞的技巧，例如隐喻、不必要的重复以及韵律便可以在建筑中加以应用。

照班纳姆的说法，发明家富勒的一些著名的提案中，可以发现代表在第一代与第二代的机械时代之间的转换期间的一种直接表现的例子。这位自学成功发明家的作品，在吉提翁的著作《机械生产发号施令》中，提供了科技与建筑之间具有最直接的关系的最佳实例，如果他的作品可以被称之为建筑的话。针对一些问题——都市的移动、交通、弹性、统一的气候控制等——提出简单的解决之道，富勒创造了许许多多的人造物，同时可以描述也可以呈现最近的科技。他的每一种发明都不是直接针对一个界定清楚的问题所作的回应；每一种发明都有效地简化了问题本身的多重面貌。所有的成果包括住宅、汽车、经济的浴室系统、活动的集合住宅单元都冠上商标的名称Dym-axion。所有的这些客体都与复合性、永久性以及场所的关联性相关的特质毫无瓜葛。正如同战争机器中的一些人造物所要达成目的被刻意地简化成为以最明显的方式表达必要性与科技回应之间最直接的关系。这种想法可以说是儒勒·凡尔纳(Jules Verne)的一些发明中所呈现的最早期试图结合科技与科学的精神范例的延续，反而变成了代表现代的理想最终的表现：科学与建筑适切的结合在一起。

在20世纪60年代，当建筑图讯利用新科技的方式发展出一种不受压抑的建筑，富勒成为预见现代运动危机的这股新前卫的激进主义的导师。建筑图讯导入了许多其他的议题，使得富勒先前提出的想法更为充实。其中最重要的可能是他们所提出的一些造型表现都出自一种具有协调功能的建筑生产的构思。这些造型表现都是直接从具有艺术性质的科技，例如太空火箭、深海钻油平台、流动住家、住宅器具以及电视产生的一些快速消耗的意象中加以想象而得到的。所有的这些成分在建筑方案中全部凑合在一起，刻意要成为“另类的”建筑，强调流动性以对抗历史建筑物所具有的传统的稳定性；强调大众文化的颜色与造型以对抗传统建筑的表现方式与规范；强调大众媒体的讯息以取代源自于过去的建筑中的制度化的沟通方式。

堆积、剪辑、围堵政策（Contaiment)、变化、本能的多重性、张力以及直觉的看法成为表达在讽刺的与有时带有乌托邦色彩的图画与设计案之中的一些价值观，这一群建筑师们认为提供另类的可能性给已经建立的建筑——不只是古典建筑同时在当时也包括现代建筑——与回应新技术的、机械的以及电子时代的需求同样重要。建筑再度试图表达时代精神——一种真正的现代条件并非透过依附在形式的表现方式而可以达成的，而必须透过在新科技与建筑人造物之间不断重新开始的接触。

对科技与建筑之间的乐观主义加以修正的理论家最早出现在英国一些独立的团体之中，包括史密森夫妇、汉密尔顿、保罗齐、以及较年轻的斯特林与圣约翰·威尔逊。从理论的观点而言，这群人士中最突出的成员无疑是班纳姆，他的影响力从20世纪50年代中期一直到60年代都还存在。来自于考陶尔德学院(Courtauld Institute)扎实的学院背景，班纳姆的博士论文探讨第一代机械时代的建筑，针对现代运动所具有的伟大的计划意图并无法建立能够直接回应机械化的当代世界，反而弄巧成拙的状况进行全面性的检讨。

在批判第一代机械时代缺乏与当代世界的实质关系，班纳姆隐约主张应该要有第二代机械时代，也就是他在撰写此书的时代，终于在机械与建筑之间建立了密切的关系，班纳姆所持的立场是主张正统，所谓的正统是必须创造当下时代的建筑，来自于机械文明的产物。麦克卢汉利用意象已成为由客体的生产转变到讯息的生产的文化中新的真实性核心以肯定沟通的重要性，使得这种理论的描绘更为完整。在麦克卢汉的论述中所主张的泛记号学的改变，让昙花一现的、瞬间的、变化的生产与完全强调沟通的建筑，能够具有理论的支持。

相较于认为新建筑可以直接从同样是新科技条件中产生的这种观点，我们发现有一些主张情境主义的相关团体，例如哥布阿以及国际文学主义者(International Lettriste),对于同样的科技情境进行比较悲观的分析。这些运动以及新技术文脉的捍卫人士之间唯一共通之处是他们全部都利用大众文化作为思索的素材。在建筑图讯派的大众趋势或是后来文丘里的麦克卢汉主义（Mcluhanism）基本上都以正面的态度面对新的情境；情境主义则着重在暴露德博尔所谓的“社会百态”的贫乏与陈腐。在战争期间，一些哲学家与艺术及建筑的历史学家也运用同样的方法，试图让无法控制的与令人害怕的机械生产所带来的冲击纳入理性的思考之中，强调冲击的正面因素，因此在20世纪五六十年代景气大好的时期会出现有关新兴郊区的大众都市计划、客体与意象可以不受约束地加以消耗，以及集体生活的疏离等议题的评论。这种评论形成主张个人的解放、私人生活空间的重建以及强调情境经验的重要性，在瞬间的事件之中极有限的时间内，个人有重新发现自己的可能性。在情境主义中，偏离(dérive)的理论并不代表一些有组织的、清楚的与简单的空间经验所具有的正面价值，而是在不稳定的漂流，在没有预先设定目标的移动性，以及个人在现代都市生活脉络中能获得充实的可能性中所具有的丰富性。

面对图海纳所谓的后工业社会所面临的相同的情境，日益高涨的生态运动成为另一种的批判类型。源自于反都市与反科技的想法，生态学家将批判的目光集中在富裕社会的黑暗面：富裕社会瓦砾当中的不幸、无法控制所生产的废料而带来的混乱、任意消耗资源与能源，这些现象可视为地球大灾难来临之前的预兆。生态学运动最直接的影响或许是开发另类的能源、材料以及建筑。有关将生态的理论性主张直接应用于最近20年来的建筑中所产生的结果，目前仍然无法加以分析。本文所打算做的是指出在近年来的一些建筑作品中可以发现西方世界面对新的科技情境所产生的一些理论性脉络。

所谓的高技派建筑的任务似乎是以预言家的乐观主义的方式，正面地回应重建新科技与新建筑之间的关系的需求，在某些情况下，同样地回应情境主义者或环境生态的支持者所提出的批判，试图找寻无污染的、能源控制的建筑，简言之，是能提供使用者舒适与幸福的建筑。让人感到意外的是理查德·罗杰斯、福斯特或努维尔——在此只举出这些著名的人物作为代表——在他们的作品中反而比较强调生态的与沟通的价值观超过主张科技可以完全合乎现代的时代精神。乍看之下，这些建筑师的作品位于从哈伯马斯到布黎希所称的后现代所产生的危机边缘。他们的作品延续着高迪、密斯、柯布西耶与阿尔托的传统，同样也与富勒以及建筑图讯具有连续性的关系。

这些建筑所试图要找寻的创新并不只是在构造上而已，亦即，不只是新的机械可能性的应用，而更重要的是沟通与管理上的问题。一方面，对于主张这种趋势的所有建筑师而言，最应该强调的是有效性(effectiveness),借此能够让新的人造物说明其功能、展示其目标、并且呈现其技术的逻辑。这是利用透明性与日益增强的非物质性的一种建筑而达到沟通上的空前成就。另一方面,在整个设计的进行过程中则需要有许多的相关配合工作,才有可能达成这么复杂的与完美的人造物。经济技术、管理技术、跨领域合作以及面对分工的新方式成为说明这种建筑之所以具有新鲜感与现代性的关键所在。

就意识形态而言,整个概念上的想法产生了一种清楚界定的修辞讯息,在充满冲突对立的世界里,例如20世纪最后的几年中,这样的建筑本身自我呈现的方式好像是明显的、逻辑的、理性的与经济的表现。有什么能够比成功地运用智慧对技术加以控制还要让人心动的事呢?不过到达成功的路径却是非常传统的保守方式:社会融合、专业主义、一种诚实外表的建筑。如此便把能赞许的话说完了。所有的生态的不平衡似乎都已经消失了,而且高花费的生产与维护费用都被抛诸脑后,只为了追求能够适应地景、人员工作或是都市融合所产生的意象。高技派建筑,根据这种看法,并不是只涉及本身的问题而已,而是攸关高度发展的文化,希望透过聪明的思考善加利用科技而呈现的理性表现作为追求社会性目标的途径。

结果变成是一些机构,或是更明确的说是一些大规模的企业,所呈现出来的一种修辞上的夸大表现,在这些企业身上才能找到最可靠的合作伙伴以支持生产这些伟大的人造物需要庞大费用。超乎公共部门或住家的私人世界，高技派建筑所重视的空间是在高度发展的资本主义社会中代表着最高权力的一些大规模的独占企业与多国投资的公司。吊诡的是，原先具有开路先锋、前卫的态度现在已经与现代传统的论述相互契合，产生了对科技表达出一种修辞上的夸大表现，好像是引导我们走向个人与社会和平共处的一条道路。在此情况下，我们可以看到科技的修辞所承担的永久使命的实现，就其正面的意义而言是雄辩的口材所传达的讯息——这里所指的是一种具有整体性的讯息——被建筑造型的创造者所操纵。在此我们所关注的同样是一种修辞，能够表达来自于现代的根源所具有的特质。这是一种可能是直接的或是经过调整的修辞；直接转换科技的图像，尽管这些图像所具有的合法性非常弱势，或是让科技所提供的表现形式能够透过建筑在复杂的沟通系统中所建立的规则、约定与订定符号可以扮演协调的角色而产生深思熟虑的建筑。

在福斯特的作品中，要想揭露这种经过深思熟虑的过程而产生的高技派建筑将不会有什么困难；在整个煞费苦心的处理过程中，使得他的建筑作品愈来愈成为是名符其实的“具有媒介角色的”（mediatic）建筑，一部分的原因是因为运用了大众媒体的关系，另一部分的原因则是透过协调的过程。在所接受的被视为是艺术表现的科技所提供的初步资料以及最终的建筑营造结果之间存在着由类型学的定义所产生的一整套的程序——由知识所建立的并且可以进一步开发的——不仅适用于大尺度的问题，同时也涉及细部、装潢或是附属的元素。

统一、张力、轻盈、临时性、弹性、各种尺度之间的并置、连续性、透明性：这些重要的原则似乎是从维特鲁威所主张的实用、坚固、美观的原则所产生的一种蜕变。

对于许多建筑师而言，现代计划的延续永远将只是一种结结巴巴无法说清楚的机械主义式的陈词滥调。不过在福斯特的作品中，我们可以发现经过一些年的发展，科技的方法已经变得愈清楚而且在句法上也愈来愈丰富了。综观当前的景象，有关新科技与新建筑之间如何调适的原则，已经找不出更复杂或更具有一致性的操作程序了。让人感到非常矛盾的是，如果说福斯特的作品并不是非常强而有力的表现的话，主要是因为他的建筑是保守的意识形态最洗练的表达以及既有的社会最稳定的支持。

相较于现代主义其他流派主张批判的病态、不墨守成规，福斯特的建筑则主张科技世界透过建筑作为协调的媒介所能提供给我们最洗练的修辞应该是面对无止尽的技术发展特质让大多数的个体产生恐惧与不安全感时最有效的解决之道。

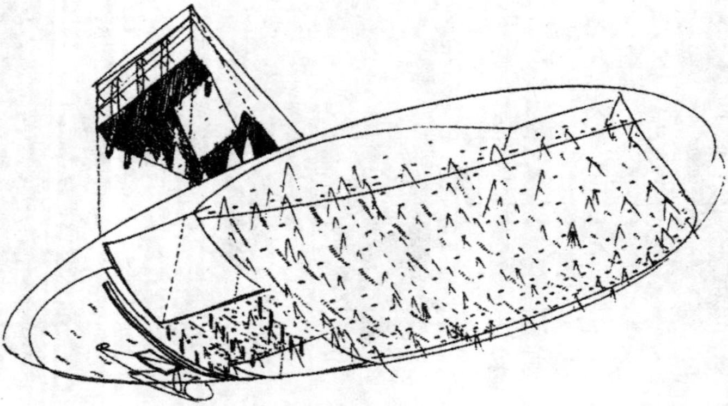

CIELING VIEW FOR THE PRESENCE OR ROOF

FRESH AIR HOLE
EXOT AIR HOLE
LIGHT HOLE
FIRE PERFORATION HOLE
COLUMNS

WILL ARRANGED WITH ITS OWN LOGIC.
EACH HOLE HAS ITS OWN ENTITY OF THE LAY-OUT ON CIELING.
MEANS
ROOF IS ONE ENTITY.

第九章
在机械复制时代中的建筑作品

依照1936年由克罗索斯基所翻译的法文版本《机械复制时代中的艺术品》，本杰明开始“理解艺术在社会演变的痉挛时刻，通常非常容易受到机能改变的冲击所影响。”在某种意义上，这本论著是本杰明针对前卫派——达达主义、构成主义、超现实主义——进行最广泛性的探讨，触及所散播的艺术之死的信念以及被另一种有关新的生产条件与直接来自于现代资本主义的社会的、感知的与沟通的条件而产生的操作类型所取代的议题。然而在本杰明未完成的《部分作品》(Passagenwerk)

则以考古学的方式专门探究同样的议题：现代性，将针孔窥视图像的方式、连载小说、室内布景的没落依据时间顺序排列，并且从世界展览预见了资本主义经过发展之后可能产生的后果，《机械复制时代中的艺术作品》清楚地呈现所预期的情况以及新的技术而产生的艺术所具有的特色。虽然本杰明对艺术的分析所特别关心的是艺术如何被看待的状况——漫不经心的相对于小心翼翼的；触觉的相对于视觉的——他对于电影所作的许多观察也同样能够阐明现代艺术的生产条件，进而能够厘清由这些条件所产生的新的含意。

拍摄一部电影，尤其是有声电影，提供了从前所无法想象的许多可能性。这种创新所具有的特征全赖于技术的过程以及所拍摄的真实性与电影放映之间如何协调的关系。本杰明利用巫师与外科医生作比喻，言之成理地说明了两者的差别。巫师治病的方法是透过他个人所具有的权威性，并且利用他本身所能产生的特殊力量；外科医生在对病人开刀时则是运用一套客观的与个人无关的技术程序：最关键的问题是外科医生必须根据所要医治的病与所接触到每个病患的身体建立关系，而不是一个完整的主体站在另一个完整的主体之前的关系。这种新的技术条件，新的社会分工的产物，界定了产生行动的方法，只有当这些直接作用于病人身上的行动彼此之间能够配合时，才有可能得到成功的手术结果。

目前的建筑作品已经不再是以巫师的方式所产生的结果，

首先是由社会分工而产生的结果，然后由一些明确的技术特性所决定：尺寸大小与材料。建筑物是透过在生产过程中的每一个阶段加以控制的一种操纵方式而得到的结果。

当代建筑师必须承担的责任不仅只是一些造型的与技术的决策，同时也必须考量程序如何运作的问题：复合的、清楚的程序涵盖着无数的相关人士会对建筑营造客体的一些特定的部分造成直接的影响。从历史的观点来看，建筑技术与材料的稳定性让建筑师可以扮演一种媒介的角色，如同巫师一样有能力处理一般的假设与重要的造型决策,对于所做的决定充满自信,不会在具体的实现过程中产生问题。建筑物所包含的各种技术程序的整合程度，使得这些程序好像是介于提出原先构想的人与最后结果之间的一种直接的关系。

如果建筑作品的社会分工将许多工作从建筑师的手中拿开的话,同时这种状况也使得建筑师必须扮演的协调角色,亦即,多重的、无法统筹的、技术的状况，每一种状况都是不连续的逻辑关系，而且由无法掌握整体的专家加以处理。建筑师的工作在这种新的情况这下，是让这些不同的技术性机制能够产生相互配合的运作。理念或是对事物的分析将没有任何的价值,如果建筑计划案无法在每个细节都考量到这些多重的片段的话。社会的分工已经打破了从计划案到完成的客体之间可以一气呵成的建筑实践方式。

蒙太奇——剪辑——已经变成是电影与建筑生产所共同的

主要操作方式。建筑师不再像画家一样仍旧是由个人本身完全投入艺术的生产即可。计划案像是一部复合的记录片，描述着与建筑有所牵连的每个人物所实践的活动。远超过某种合唱活动的设计，所有个人的努力都会融入建筑营造的客体之中，计划案像是一部电影的剧本——在拍片现场安排各种技术人员时必须先准备好的资料。至少，计划案必须考虑能够决定最后的客体的所有因素：不光只是最后客体的形式上的描述而已，同时也必须交待拍摄演出时的逻辑。

本杰明在《机械复制时代中的艺术品》的第九节中论及电影放映的错觉具有的性质是属于另一种秩序，因为在这种错觉中，并没有一个明确的地点也没有一处场所可能发生拍摄所发生的每场戏。对现代建筑作品而言，场所与每种技术产生作用的方式必须在计划案中结合在一起，如此一来，真正的生产并不需要依赖会随着时间而变动的各种情况或是交织在时间之中的场所所作的决择。建筑营造的操作模式必须完全在计划案虚构的情节中加以描述，使得与计划案的生产相关的人士能够依循由计划案所事先决定好的剧本。因为在计划案所决定的行动计划中的场所必须是以技术性、抽象性与分离性的方式加以控制，只有在回顾的怀旧方式下，我们才能够想象由无法量度的场所精神发挥慈善行动而决定的一种建筑。

在蒙太奇与组合的这种想法中，建筑师个人并无法对建筑客体具体生产时所遇到的各种问题完全负责。正如同电影导演一样并没有办法对剧本、服装、道具的摆设或每个连续镜头的拍摄完全由个人加以掌控,同样地建筑师也不能只重视计划案中的基地、量体、结构、包被或外墙被覆：每项因素都构成了建筑营造客体的技术性问题的一部分;同样也不应该扮演一种主要的或决定性的角色，只有剪辑是具有决定性的，能以精湛的、煞费苦心的与冲突的方式将所有的元素结合起来。这种结合起来的结果不可能是一种整体表现的艺术品(Gesamtkunstwerk),以为能够将所有的艺术与工艺结合在一起，不需要对绘图、空间的决策、元件的选择……等等加以仔细的区分。

所有的事都在剪辑的时候决定并不表示作品——不论是电影的或建筑的——必须是匿名的、平凡的或没有意义的、相反的：本杰明所相信的剪辑的重要性是来自于他对前苏联电影的爱好。正如同艾森斯坦的取景、灯光、黑白色调以及音乐的选择都只是能够具体表达剧本的关键性决择的剪辑工作的一部分而已，同样地，在当代建筑中，决定性的时刻包括了建筑师运用的技巧与智慧能够将所有对建筑物的操作有贡献的一切都结合在计划案的空间与时间之中。一个计划案，就定义而言，是一种技术性的工具，可以让我们进行建筑作品的复制工作，只要能先将建筑作品在设计的视觉的与虚构的空间中组合起来：一套制式的表现方式在一些专业的办公室中发展出来，这些办公室会被许多人称为工作室绝非偶然。

第十章

施虐受虐狂：评论与建筑实践

建筑评论并不具有受人尊重的地位或是稳固的立场。评论——源自印欧语系词根Krhtes——代表判决的意思。不过目前我们对于审判以及执法已经不再认为是完全基于理智而产生的独立行为，好像是一种专业能运用惯例、权力以及法官与被告之间偶然的碰面机会而形成的一些机制以导引社会行为。在目前的时代，评论非常类似肉博战：在寻找大众认可的讯息与集体的奖励或惩罚的力量能加诸在值得奖赏或罪有应得的人身上之间存在的一场对抗。在不断质疑本身基础的快速变迁的社会里，以及在每天都必须不断更新思想结构文化中，能够符合批判性考验的是任何充满暴力的邂逅。

在现代文化中，从事建筑评论的人很容易便无法达成塔夫里在《建筑历史与评论》书中的第一个句子所做的清楚地呼吁：与忧虑不安保持距离。世上并没有唯一的历史的、技术的或视觉的知识。实证主义主张的科学的历史已经对叙述(narration)让步：构成事实所需要的条理分明的物质条件已经被微观历史、心智宇宙以及新主观主义的涌现所取代。

现在已经没有办法再撰写建筑总论，因为要将不断变迁的技术资料与知识完整地加以整理厘清其间的层级关系建立清楚的秩序是不可能的事，不仅资料与知识日新月异不断增加，建筑所运用的一些想法也和科学所试图追求的前瞻性的想法无关，尤其是当科学目前正希望从不可预期性以及灾难之中找寻本身的基础。目前已经没有唯一的观点，而有许多的观点。在我们周遭轰炸我们的感性的意象是各种不同系统的一些片段；而且视觉记忆的建构在乡村环境与都市环境之中截然不同，对计程车司机与画家、摄影师与飞机驾驶员会有所差异。

在这种情境下，评论传播开来并且自我开展，企图在德勒兹所谓的知识折痕，用来当做评量标准的临时的真理聚合之中寻找原因。在与客体保持距离以及不断变换立场的主张中，评论者利用当代的侵略性以控制自己的忧虑。隐藏在当代评论中的施虐狂并不是个人的行为偏差所致，而是一种**世纪之疾**

(maldu siècle)，这种症状的明显征兆影响了评论家与事实宇宙的关系也影响了与建筑客体世界的关系。评论家的这种施虐狂正好与开业建筑师的受虐狂相互配合。耐心的人造物生产者所希望传达的意义，并无法以自然的或明显的方式自我呈现，建筑师选择躲藏在作品后面的方式，屈从接受被责罚时所挨的鞭打。

哦，如果建筑是一种学科的话！如果建筑只是一种知识，没有工艺的基础与经验的问题，而是一般性的并且能够以逻辑的方式加以转移的，那么在实务方面工作的人产生的不安全感将可以减缓。在过去的时代，生产建筑所需的知识可以被纳入来自于职业经验的学习教材之中。这种执行业务的一般性的、文化性的与社会性的架构从未被质疑过；此架构在过去是非常坚固的。在这些时代，建筑曾是一种精致的物质劳动能够生产出美丽的成果；建筑在当时并不是一种全面的论述表达出由具有不确定性的个体意识而产生的一些重要问题。建筑反而像是陶匠以其巧手形塑容器而产生的美丽的作品，构成了材料条件与其中隐含的智慧之间完美的配合。

近年来一直有一股强烈的渴望想重返工艺。这些强烈的诉求代表希望能在建筑师精明的眼睛与灵巧的手中发现可以让因为造型活动而产生的焦虑不安离得远远的方法，当过去的前卫派所建构的意识形态体系已经瓦解以及现代计划已变成广受争议之际，建筑师要像过去的大师一样以同样坚定的信心设计所有的东西，从一张椅子到一座城市，已经不再是可行的事了。

由于实践本身欠缺一种论述，建筑不得不想办法去理解在一栋独特的建筑物具体的架构之外的事物。几乎没有任何的例外，当代建筑杂志以笨拙的方式将文章与图像区分开来显示出客体与论述以及实践与评论之间确实分离的关系。不在乎违反常理的受虐狂使得建筑师让评论者有发言的机会，非常清楚地显示出这种病态关系比较是建立在不想靠近以及害怕超过由真理的光芒所散发出来的一些像是天堂一般的对话而形成的基础之上。

发展一种内部的批评，一种从当代思想的重大争论与危机之中产生的论述是否有可能呢？这种可能性或许是一种幻想，不会有结果的希望，不过却又是必要的。评价无法脱离文化辩论的一般性议题。认为在当代思想的边缘旁边仍有空间针对某个学门进行分析、引发争议以及厘清内部组织关系完全是在幻想——一种防御性的姿态试图将建筑与建筑师摒除于文化世界外，恼火而大叫："让我们自己关起门来谈我们自己的事！"的人，不仅显示出他们完全缺乏勇气，同时服膺尼采所谓的"顺从的小孩"。

虽然如此，一种批判方式仍是非常有可能存在的，不过目前受到一些有施虐狂的人以及另一些有受虐狂的人所阻碍。以经验与真实的实践作为基础建构一种内部的论述是有可能的，不过必须避免完全是自传式的基础。由建筑师针对建筑所作的当代论述仍未达到批判的评价水准，亦即，全盘的文化对照。这是一种必要的声音，是任何其他的文化原动力的试图介入意义的建构所不可或缺的，理解自己的作品，能够让作品的产生争议，需要有某种疏远的感觉，就其字源的本意而言，也就是一种异化的操作过程。

维奥莱-勒-杜克、桑佩尔与奥托·瓦格纳的作品提供了这种建筑师谈建筑的论述最具有启发性的范例。很凑巧地，这些著作从未打算成为建筑的论文；他们的著作的价值并不在于有一套完美的系统，而是因为代表了对经验所作的清楚的反省。面对着百科全书的危机，这些建筑师所履行的承诺虽然主要是实践，不过仍然有能力将论述明确表达出来。经验、历史与计划透过他们的著作得以交织在一起，以明确的语言表达方式——可转移的与逻辑的——揭露实践。这种表达方式并不是评论，不是历史，不是论文，也绝对不应该是。不过这种表达方式是想逃脱专业的工作室的孤立、封闭的工作领域、计划以及纯粹的经验，希望能够找到值得一听的说词。

参考书目

第一章 当代建筑的地志

De Zurko,Edward R. Origins of Functionalist Theory.New York: Columbia University Press,1957.

Giedion,Sigfried.Space,Time and Architecture:The Growth of a New Tradition. Cambridge:Harvard University Press,1941.

Jung,Carl Gustav. Psychologische Typen.Zurich:Rascher,1921.

Merleau-Ponty,Maurice.Phenomenologie de la perception.Patis: Gallimard,1945.

Merleau-Ponty,Maurice. “Le primat de la perception et des conse-quences philosophiques.” Bulletin de la Societe Francaise de Philosophie 41,no.4(October- December1947).

Pevsner,Nikoalus. “The Picturesque in Architecture.” Fournal of the Royal Institute of British Architects 5 (December 1947).

第二章 密斯与极少主义

Barthes,Roland.Le degree zero de l’ecriture.Paris:Editions du Seuil, 1953.Tr-anslated as Writiong Degree Zero,trans.Annette Lavers and Colin Smith.New York:Hill and Wang,1968.

Benjamin,Walter. “Kleine Geschichte der Photographie,” 1931.In Gesammelte Schriften,2(1):368-385.Frankfurt:suhrkamp,1974 -1982. Translated as “A Small History of Photography,” trans.Edmund Jephcott and Kingsley Shorter.In One-Way Street and OtherWritings, 240-257.London:NLB,1979.

De Duve,Thierry:Nominalisme pictural.Paris:Editions de Minuit, 1984.Translated as Pictorial Nominalism:On Marcel Duchamp’s Pas-sage from Painting to the Readymade, trans.Dana Polan and the author.Minneapolis:University of Minnesota Press,1991.

Deleuze,Gilles.Difference et repetition.Paris:Presses Universitaires de France,1968.Translated as Difference and repetition,trans.Paul Patton:New York: Columbia University Press,1994.

Deleuze,Gilles.and Felix Guattari.Qu'est-ce que la philosophie? Paris:Editions de Minuit,1991.Translated as What Is Philosophy?, trans.Hugh Tomlinson and Graham Burchell.New York:Columbia University Press,1994.

Neumeyer,Fritz.Mies van der Rohe.Das kunstlose Wort.Gedanden zur Baukunst.Berlin:Wolf Jobst Siedler,1986.Translated an As The Artless Word,trans.Mark Jarzombek.Cambridge:MIT Press,1991.

第三章 建筑与存在主义

Heidegger,Martin.Uber den Humanismus.Frankfurt am Main: Klostermann,1947.

Merleau-Ponty,Maurice.Humanisme et terreur.Paris:Gallimard,1947.

Tyrwhitt,J.,J.L.Sert,and E.N.Rogers.The Heart of the City:Towards the Humanisation of Urban Life. London:CIAM VIII,1952.

第四章 弱势的建筑

Deleuze,Gilles.Foucault.Paris:Editions de Minuit,1986.

Heidegger,Martin.Die Kunst und der Raum.St. Gallen:Erker Verlag, 1969.

Tafuri,Manfredo."Realismus und Architektur:zur Konstruktion volksbezogner Sprachen."In Vittorio Magnago Lampugnani,ed.,Das Abenteurer der Ideen,131-147. Berlin:Internationale Bauausstellung, 1994.First published as "Realisme et architecture," Critique 476-477(January-February 1987).

Trias,Eugenio.Los Iimites del mundo.Barcelona:Ariel,1985.

Vattimo,Gianni.La fine della modernita.Milan:Garzanti,1985.

第五章 从自主性到无时间性

Deleuze,Gilles,and Felix Grattari.Mille plateaux.Paris;Editions de Minuit,1980.

Gadamer,Hans-Georg.Wabrbeit und Metbode.Tubingen:J.C.B.Mohr Verlag,1960.

Jauss,Hans Robert.Aestbetisbe Erfabrung und literariscbe Hermeneutik.Munich; W.Fink Verlag,1977.

Judd,Donald.Architektur.Munster:Wesfalischer Kunstverein,1989.

第六章 场所：永恒性或生产

Deleuze,Gilles.Pourparleurs 1972-1990.Paris:Editions de Minuit, 1990.

Detienne,Marcel,ed. Traces de foundation.Paris:Peeters,Lourain,1990.

Lyotard,Jean-Francois.Lecons sur l'analytique du sublime.Paris: Galilee,1991.

Norberg-Schulz,Christian.Genius Loci.New York:Rizzoli,1980.

Rykwert,Joseph.The Idea of a Town:The Anthropology of Urban Form in Rome,Italy and the Ancient World.Princeton,N.J.:Princeton University Press,1976.

第七章 差异与界线：当代建筑中的个人主义

Deleuze,Gilles.difference et repetition.Paris:presses Universitaires de France,1968.

Derrida,Jacques.L'ecriture et la difference.Paris:Le Suil,1967.

Trias,Eugenio.Logica del limite.Barcelona:Destino,1991.

第八章 高技派：功能主义或修辞

Heidegger,Martin.Die Technik und die Kehre.Pfullingen:Neske,1962.

Jünger,Ernst.Der Arbeiter.Hamburg:Hanseatische Verlagsanstalt,1932.

Le Corbusier.Vers une Architecture.Paris:G.Cres,1923.

Tafuri,Manfredo.progetto e utopia.Bari:Laterza,1973.Translated as Architecture and Utopia:Design and Capitalist Development,

Trans Barbara Luigia La Penta(Cambridge:MIT Press,1976).

第九章 在机械复制时代中的建筑作品

Benjamin,Walter. “Das Kunstwerk in Zeitalter seiner technischen Reproduzierb- arkeit.” In Schriften. Frankfurt am Main:Suhrkamp Verlag,1955.Translated as “The work of Art in the Age of Mechanical Reproduction.” In Illuminations,ed.Hannah Arendt,trans.Harry Zohn.New York:Schocken Books,1969.

第十章 施虐受虐狂：评论与建筑实践

Ginzbrug,Carlo,and Adriano Prosperi.Giochi di pazienaz.Turin:Giulio Einaudi, 1975.

Tafuri,Manfredo.La sfera e il laberinto.Turin:Giulio Einaudi,1980. Translated as The Sphere and the Labyrinth,trans.Pellegrino d’Acierno and Robert Connolly.cambridge:MIT Press,1987.

Warning,Rainer,ed. Rezeptionsaesthetik:Teoria und Praxis.Munich: Wilhom Fink Verlag,1979.

附注

本书所收录的是1987~1993年间发表于各种书籍与出版物之后再加以修正过的一些文章。文章的选择、排列顺序与整本书的结构构成了我希望表达20世纪末的建筑情势的思路。

第二章　“Mies van der Rohe and Minmalis Minimalism,”曾刊载于The Presence of Mies, edited by Detlef Mertins (New York: Princeton Architectural Press, 1994).

第三章 “Architecture and Existentialism,”曾以“Architettura eesistenzialismo:una crisi dell’ architettura moderna,” 的标题刊载于 Casabella no.583(Milan,October 1991).

第四章 “Weak Architecture,” 曾以 “Arquitectura Dedil/ Weak Architecture,” 的标题刊载于 Quaderns d’ Arquitectura I Urbanisme no.175(Barcelona,October-December 1987).

第五章 “From Autonomy to Untimeliness,”刊载于Anyone, edited by Cynthia C.Davidson(New York:Rizzoli,December 1991).

第六章 “Place:Permanence or Production,” 刊载于 Anywhere,edited by Cynthia C.Davidson(New York:Rizzoli,1992).

第七章 “Difference and Limit:Individualism in Contemporary Architecture,” 曾以 “Differenza e limite:individualismo nell’ architettura contemporanea,” 的标题刊载于 Domus no.736(Milan, March 1992).

第八章 “High Tech:Functionalism or Rhetoric,” Functionalism:Utopia or the Way Forward,The 5th International Alvar Aalto Symposium,August 16-18,1991(Jyvaskyla: alvar Aalto Symposium,1992).

第九章 “The Work of Art in the Age of Mechanical Reproduction,”曾以“Un approccio benjaminiano al progetto architettonico,” 的标题刊载于 Lotus International no.71 (Milan,2nd quarter1992).

第十章 “Sado-Masochism:Criticism and Architectural Practice,” 曾以 “Sadomasoc-hismo,overo,la critica la pratica architettonica,”的标题刊载于Casabella no.545(Milan,April 1988).

图片来源

导　论　Frank O.Gehry,Villa Olimpica,Barcelona,1990

第一章　Juan Navarro Baldeweg,Salamanca Conference and Exhibition Halland Conference Center,Salamanca, 1985

第二章　Mies van der Rohe, Concert Hall,1944

第三章　Arata Isozaki,Sant Jordi Palace,Barcelona,1983

第四章　Alvaro Siza,Faculty of Architecture,Oporto,1988

第五章　Frank O.Gehry,Walt Disney Auditorium,Los Angeles,1989

第六章　Tadao Ando,Time's Ⅱ Project,Nakagyo,Kyoto, 1986

第七章　Building,Laufen,1986

第八章　Norman Foster,Hong Kong & Shanghai Banking Corporation,Hong Kong,1979

第九章　Rem Koolhaas,Congrexpo Project,Lille,1992

第十章　Peter Eisenman,Submission to the International Seminar of Design for Cannarego,Venice:Diagrams showing topological deformantion of site plan horizontally and vertically,1978.Collection Centre Canadien d' Architecture/Canadian Centre for Architecture

英中对照索引

中英对照索引

A

B

D

E

F

G

H

J

K

L

M

N

O

P

Q

S

T

W

X

Y

Z

译者简介

施植明，1960年生于台北，台湾成功大学建筑系毕业，法国国家建筑师文凭、曾任华梵人文科技学院副教授，现任台湾科技大学副教授，建筑思维研究室主持人。在法国著名的建筑理论学者Philippe Boudon指导下完成毕业论文《一个认识论模式——迈向建筑科学》(un modèle épistémologique——vers une connaissance scientifique de l'architecture，1990年6月)。

著有

《台北建筑MAP》——木马文化，2001。

《科比意——二十世纪的建筑传奇人物柯布》——木马文化，2002

译有

《场所精神——迈向建筑现象学》——尚林，1986/田园城市，1995

《迈向建筑》——茂荣，1991/田园城市，1997

《巴黎建筑1979-1989》——茂荣，1991/田园城市，2000

《城市建筑》——博远，1992，1995/田园城市，2000

《建筑的现代语言》——博远，1992/田园城市，2000

《复合思想导论》——时报，1993

《建筑环境的意义》——田园城市，1996

《雅典宪章》——田园城市，1996

《建筑评论论文集》——田园城市，1998

《智慧型玻璃立面》——田园城市，1998

《差异——当代建筑的地志》——田园城市，2000

《摩天大楼——生物气候设计入门》——木马文化，2004

大12开
240页
软精装
ISBN 7-5084-2094-2
定价：186元

现代主义

Modernism

[美] 理查德·韦斯顿 著

本书荣获1998年美国建筑学院颁发的“**国际建筑图书奖**”。

迄今为止还没有任何一本著作对现代主义从19世纪的萌芽直至20世纪末其间的发展做出过全面的描述。本书精彩地向我们展示了现代主义思想在视觉艺术设计、室内设计以及装饰艺术等领域当中的表达。它不仅讲述了20世纪当中的建筑和设计领域内杰出的发展，同时也让我们深入地了解到其发生的缘由。

16开
248页
平装
ISBN 7-80011-794-4
定价：36元

建筑评论——现代建筑与嬗变

Essay in Architectural Criticism:Mordern Architecture and Historical Change

[英] 艾伦·科洪 编著

本书曾荣获1985年“**建筑批评家奖**”。

自20世纪50年代以来，艾伦·科洪的批评和理论一直代表着一代建筑师的良心，他的严格和明晰的理念始终引发着争论，并作为在理论和实践中求索新方向的动力。这本收录17篇评论的评论集标志着过去30年建筑思想发展的脉络，实际上包含着建筑领域的“现代建筑理论”。

科洪关注于建筑中的现代主义立场，并试图将之联系到当代实践中，分析与文化相关的建筑表现手法的实质。

ARCHITECTURE History & Theory

横 16 开
240 页
平装
ISBN 7-5084-3346-7
定价：40 元

建筑的复杂性与矛盾性

Complexity and Contradiction in Architecture

[美] 罗伯特·文丘里 著

本书是现代建筑历史上一部里程碑级的理论著作，是现代建筑走向多元化、注重文脉主义的标志，一本预示着后现代主义的到来的著作。本书是现代建筑研究的必备读物。

本书自 1970 年出版以来，几经重印，是纽约现代艺术馆出版的最畅销的建筑理论著作之一。

大 32 开
240 页
平装
ISBN 7-80198-169-3
定价：25 元

向拉斯维加斯学习（原修订版）

Learning from Las Vegas

[美] 罗伯特·文丘里 丹尼丝·斯科特·布朗 史蒂文·艾泽努尔 编著

本书于 1972 年的出版引发了一场健康的争论，要求建筑师更多地接受“普通”人的喜好和价值观，收敛他们为自我吹捧的“宏伟”建筑物立纪念碑的自负态度。它与《建筑的复杂性与矛盾性》堪称姊妹篇。

《耶鲁评论》这样评价这本书："这些设计师发动了一场攻击——有专业见地、十分敏锐，还颇具才情——该攻击针对建筑现代主义的主导模式。"

16开
510页
平装
ISBN 7-5084-1880-8
定价：68元

建筑经典读本（注释版）

Classic Readings in Architecture

[美] 杰伊·M.斯坦
肯特·F.斯普雷克尔迈耶 编

本书精选了建筑历史中，特别是现代建筑中最经典的理论和实践论著，撷取其中的精华部分编辑成36个读本，分为序篇、第一部分、第二部分、第三部分、终篇共11个小章节，全面涵盖了从建筑历史和理论、建筑文脉到建筑过程的方方面面。每个读本又配以中、英文的导读，介绍了每本书的背景和价值。

本书为高等院校建筑学专业一本难得的学习辅导书，同时也可作为该专业双语教学和专业英语教学的教材。

16开
248页
平装
估价：25元
2008年出版

透明性

Transparency

[美] 科林·罗 著

本书撇开形式的表象，联络了现代绘画与建筑，跨越历史分析与设计技巧的隔阂，深入到空间的组织实质来探讨现代建筑的根本特点。而集合多位建筑教育史重要人物的贡献的编撰方式以及历时长久的增删与修订，使本书的权威性与学术价值得以保证。它不仅仅可以为学习现代建筑的学生提供一本必读参考书，为现代建筑教育教学改革展示了一种方法，同样也会对许多迷乱于形式误区的从业建筑师大有裨益，而从事美术、雕塑等其他艺术门类的人士阅读后也应会有所启发。